信息化战争工程作战理论创新丛书

工程特战论

主　编　张治国
副主编　刘思源　朱文洋
参　编　李　军　王　亮
　　　　熊　润　胡彩兵

国防工业出版社
·北京·

内 容 简 介

本书以新时代军事战略方针为指导，以工程特战为研究对象，着眼适应陆军转型建设、满足作战理论创新、引领工程装备技术发展，在厘清工程特战概念和内涵、界定工程特战主要任务、明确工程特战研究意义的基础上，深入研究探讨了工程特战的特点、指导原则、技术手段与力量构成、组织实施、装备发展需求和发展趋势。研究成果对于引领工程兵作战理论创新和部队作战训练创新具有重要的理论价值和现实指导意义。

本书适合我军工程兵部队各级指挥员和相关科研院所从事工程兵作战理论教学研究人员阅读并使用。

图书在版编目（CIP）数据

工程特战论/张治国主编 . —北京：国防工业出版社，2023.3
（信息化战争工程作战理论创新丛书）
ISBN 978-7-118-12722-5

Ⅰ.①工… Ⅱ.①张… Ⅲ.①工程保障 Ⅳ.①E151

中国国家版本馆 CIP 数据核字（2023）第 065315 号

※

国防工业出版社出版发行
（北京市海淀区紫竹院南路 23 号　邮政编码 100048）
北京虎彩文化传播有限公司印刷
新华书店经售

*

开本 710×1000　1/16　印张 10　字数 166 千字
2023 年 3 月第 1 版第 1 次印刷　印数 1—1500 册　定价 75.00 元

（本书如有印装错误，我社负责调换）

国防书店：（010）88540777　　书店传真：（010）88540776
发行业务：（010）88540717　　发行传真：（010）88540762

"信息化战争工程作战理论创新丛书"
编审委员会

主　任　周春生　史小敏　刘建吉
副主任　唐振宇　房永智　张治国　李　民
委　员（以姓氏笔画排序）
　　　　　王　昔　刘建吉　李　民　何西常
　　　　　张治国　周春生　房永智　郝学兵
　　　　　侯鑫明　唐振宇　隋　斌　廖　萍

总　　序

从南昌起义建军至今，我军工程兵在党的坚强领导下，走过了艰难曲折、筚路蓝缕的 90 余年，一代又一代工程兵官兵忘我奉献、锐意进取、创新有为，不断推动工程兵革命化、现代化、正规化建设迈向更高层次。站在新时代的历史方位上，这支英雄的兵种该往哪里走，该往何处去？

——理论创新是最首要的创新，理论准备是最重要的准备

"得失之道，利在先知。"以创新的理论指引创新的实践，是一个国家、一支军队由弱到强、由衰向兴亘古不变的发展道理。在这样一个特殊的历史节点，如想深化推进工程作战理论创新，需要自觉将其置于特定的时代背景下理解认识，这主要基于三个原因：

一是艰巨使命任务的急迫呼唤。以陆军为例，其使命任务包括：捍卫国家领土安全，应对边境武装冲突、实施边境反击作战，支援策应海空军事斗争，参加首都防空和岛屿防卫作战；维护国内安全稳定，参加抢险救灾、反恐维稳等行动；保障国家利益，参加国际维和、人道主义救援，参与国际和地区军事安全事务，保护国家海外利益，与其他力量共同维护海洋、网络等新型领域安全的使命任务。不论执行哪种类型的使命任务，工程兵都是不可或缺的重要单元和有机组成，理应发挥重要作用、作出应有贡献，该如何认识、怎么定位工程兵，需要新的理论予以引领支撑。

二是全新战争形态的客观必需。作战形式全新，一体化联合作战成为基本作战形式，作战力量、作战空间、作战行动愈发一体化；制胜机理全新，战场由能量主导制胜向信息主导制胜转变，由平台制胜向体系制胜转变，由规模制胜向精确制胜转变；时空特性全新，时间高度压缩、急剧升值，空间空前拓展、多维交叠，时空转换更趋复杂。工程兵遂行作战任务对象变了、空间大了、要求高了、模式换了，该如何看、如何用、如何建、如何训，需要新的理论予以引领支撑。

三是磅礴军事实践的强力催生。军队调整改革带来工程兵职能定位、规模结构、力量编成的巨大变化，其战略、战役、战斗层次的力量编成更加明确，作战工程保障、战斗工程支援、工程对抗和工程兵特种作战不同力量的职能区分更清晰，工程兵部（分）队力量编制的标准性、体系性、融合性和模块化更突出，工程兵作战支援和作战保障要素更加完善。如何理解认识这些新变化、新情况、新特点，在坚持问题导向中不断破解问题、深化认识、推动发展，这些都需要新的理论予以引领支撑。

——只是现实力求成为思想是不够的，思想本身应当力求趋向现实

我军工程兵作战理论体系一直以来都以作战工程保障为核心概念，主要是与机械化战争特点一致、与区域防卫背景匹配的理论体系。不可否认的是，该理论体系愈发难以适应信息化局部战争的新特点，军事斗争准备向纵深推进的新形势，陆军全域作战的新任务，部队力量编成的新要求。主要体现在：

一是难以主动适应战争发展。信息化战争形态的更替演进，使作战思想、作战手段、作战时空、作战行动和作战力量等都发生了近乎颠覆性的变化，工程作战从内容到形式、从要素到结构等都发生了深刻变革。比如，信息化战争中信息作战成为重要作战形式，工程作战必须聚焦夺取和保持战场制信息权组织实施；再如，信息化战争中作战力量多维聚合、有机联动、耦合成体，工程作战力量组织形态必将呈现一体化特征；还如，信息化战争中参战力量多元、战场空间多维，工程作战任务随之大幅增加，难度强度倍增，等等，对于这种全方位、深层次的变化需求，现有的理论体系难以完全反映。

二是难以完整体现我军兵种特色。新时代的工程兵，职能任务不断拓展，技术水平持续跃升，作战运用愈发灵活，嵌入联合更为深度，如组织远海岛礁基地工程建设与维护、海上浮岛基地工程建设与维护、远海机动投送设施构筑与维护；再如敌防御前沿突击破障开辟道路、支援攻坚部队冲击；又如运用金属箔条、空飘角反射器、人工造雾等实施工程信息对抗；还如对敌指挥控制工程、主要军用设施工程、交通运输工程、后方补给工程及其他重要工程进行工程破袭等，均发生了较大改变，现有的理论体系还难以集中反映，亟须重新提炼新的作战概念、架构新的作战理论。

三是难以有效指导部队训练。军队领导指挥体制、规模结构和力量编成改革后，工程兵部队领导指挥关系、力量编成结构发生重大变化，随之必然带来角色定位、职能任务、运用方式、指挥协同、作战保障等的重大变化，且这种变化还在持续调整之中，如何主动跟进适应这种变化，进而超前引领部队训练，亟须创新的理论给予引领。

四是难以让人精准掌握认知。现行的工程兵作战理论，如具有代表性的"群队"编组理论等，总体上还比较概略化、传统，缺乏实证奠基、定量支撑，且并非适用于所有背景、全部情况，导致部队在实际运用中还存在吃不透、把不准、没法用的情况出现，亟须通过创新理论体系、改进研究方法、合理表述方式，努力从根本上改善这种情况。

五是难以强化学科严谨规范性。现有的工程兵作战理论体系主要以"三分天下"的作战工程保障、工程兵战术、工程兵作战指挥"老三学"为理论基础，但"老三学"本身的研究范畴界限就并非十分清晰，研究视点上有重复、内容上也有交叉，很难清晰界划剥离，对于兵种作战学科视域内出现的大量新问题、新情况，亟须通过学科自身的演进发展进行揭示和解决。

——如同人的任何创造活动一样，战争历来是分两次进行的，第一次是在军事家的头脑里，第二次是在现实中

作战概念创新反映对未来作战的预见，体现这种理论发展的精华，是构建先进作战理论体系的突破口。创新工程作战的核心概念，以此来构建全新的工程作战理论体系，是适应具有智能特征的信息化联合作战的客观要求，是有效履行工程兵使命任务的迫切需要，是推进工程兵转型发展的动力牵引，恰逢时也正当时。

该书以"工程作战"概念为统领,围绕"工程保障""工程支援""工程对抗""工程特战"四个核心作战概念,通过概念重立、架构重塑、内容重建,建构全新的工程作战理论体系。丛书编委会在全面系统地总结和梳理了近年来工程兵作战和建设理论研究成果的基础上,编著了《工程保障论》《工程支援论》《工程对抗论》《工程特战论》,形成了"信息化战争工程作战理论创新丛书"。其中,"工程作战"是具有统摄地位的总概念,可定义为"综合运用工程技术和手段实施的一系列作战行动的统称"。可从以下四个方面进一步理解:一是从行动分类来看,主要是工程保障、工程支援、工程对抗和工程特战;二是从作战目的来看,主要是为保障和支援己方作战力量遂行作战任务,或通过直接打击或抗击敌人达成己方作战意图;三是从作战主体来看,主要是作战编成内的军队和地方力量,其中,工程兵是主要的专业化力量,其他军兵种是重要力量;四是从根本属性来看,"运用工程技术和手段"是工程作战区别其他作战形式的核心特征和根本标准。应该说,"工程作战"这个全新作战概念的提出,既凸显了工程技术的前提性、工程手段的专业性、工程力量的主体性,又集合了工程领域所涵盖的"打、抗、保、援"等不同类型和属性作战活动的丰富意蕴。在研究内涵上,"工程作战"既基于工程兵,又超越工程兵。在研究视域上,其既有对共性问题的全面探讨,也有对个性问题的深度探究。在研究逻辑上,其从概念设计入手,采取自底向上和自顶向下相结合的思路整体架构作战概念体系,并以此推导出符合信息化局部战争特点、军事斗争要求和部队力量编成实际的全新工程作战理论体系。具体来看，"工程支援"是从传统的"工程保障"概念中分立出来的新概念，主要从战斗层面，研究相关的工程作战活动，而这里的"工程保障"更多的是从战略战役层面，研究相关的工程作战活动；"工程对抗"是从战略、战役、战斗三个层面，对基于工程技术所特有的对抗属性，将与敌人直接发生各种兵力、火力、信息力交互关系的工程作战活动进行全面阐析；"工程特战"是从联合作战的整体维度，对利用工程技术手段和力量所实施的特种作战行动（无论其力量主体是谁）进行的系统阐释。在研究内容上，从重新确立核心概念入手，逐层深入分析阐释信息化战争、体系对抗背景下工程作战的相关问题。在研究方法上，注重理论演绎、实证分析、量化分析相结合，力求使研究观点与结论更加科学合理。

"谋篇难，凝意难，功夫重在下半篇。"显而易见，确立新概念并尝试初步建构新体系，仅仅跨出了工程作战理论创新的第一步。若想彻底完成理论的嬗变，需要广大理论研究人员，给予接力性、持久性、批判性的关注，合力开创工程作战理论新局面、新篇章。

丛书编委会
二〇二二年十月

前　言

随着信息化技术快速发展、战争形态快速演进和新时代军事战略方针贯彻落地，我军迫切需要新的作战理论引领军队转型建设、指导部队作战训练，《工程特战论》正是在这一背景下应运而生的。

本书以新时代军事战略方针为指导，研究探讨了工程特战的概念和内涵、主要任务、行动特点、指导原则、技术手段、力量构成、组织实施和装备发展需求等内容，初步构建了工程特战理论框架。其中，第一章，厘清了工程特战概念和内涵，界定了工程特战主要任务，明确了工程特战研究意义，梳理了工程特战形成发展。第二章，阐述了目标指向精准、力量构成精干、工程技术性强和组织筹划层次高等工程特战五大特点。第三章，论述了精心筹划，快速高效全面准备；特常结合，精干专业编组力量；审时择要，基于能力慎重实施；以工为长，灵活运用战法手段；密切协调，统筹实施支援保障等工程特战五大指导原则。第四章，研究了工程侦察技术、精确爆破技术、搜排爆炸物技术、特种布设雷技术、工程伪装技术等工程特战的主要技术手段，以及工程特战力量能力需求和主要力量。第五章，分工程特战行动准备、行动实施、组织指挥三部分分析了工程特战组织实施。第六章，重点从基于战场透明的高要求，必须配备多频谱侦测、数据化处理的感知装备；基于指挥控制的高效，必须配备远距离传输、稳定性强、智能化辅助决策的指控装备；基于行动路线复杂情况，必须配备小型多能、续航力强、灵敏度高的搜排爆装备；基于精兵作战，必须配备适应性强、便携高能、设置简便的爆破装备；基于复杂恶劣的战场环境，必须配备好操作、高防护、体系化单兵战斗装备五方面，研究了工程特战装备发展需求。第七章，主要从联合作战一体联动，工程特战力量向"内聚融合"方向发展；指挥体系不断完善，工程特战指挥向"实时高效"方向发展；作战目的追求高效，工程特战方式向"幕后指导"方向发展；信息技术不断创新，工程特战手段向"远程智能"发展等方面论证了工程特战发展趋势。

  本书在编写过程中，借鉴了军内外专家教授的研究成果，得到了陆军工程大学训练基地首长机关的大力支持，马俊涛、彭尧尧、于学玺、林松等同志参加了部分内容的撰写，在此一并表示感谢。

  工程特战作为一个初创的理论体系，编者虽集智攻关，但论述中不足之处在所难免，恳请读者批评指正。

编　者
2022 年 5 月

目　录

第一章　概述 ··· 1
　一、工程特战概念和内涵 ································· 1
　二、工程特战主要任务 ··································· 4
　三、工程特战研究意义 ·································· 11
　四、工程特战形成发展 ·································· 15

第二章　工程特战特点 ······································ 24
　一、目标指向精准 ······································ 24
　二、力量构成精干 ······································ 25
　三、工程技术性强 ······································ 27
　四、组织筹划层次高 ···································· 27
　五、抵近作业要求高 ···································· 29

第三章　工程特战指导原则 ·································· 31
　一、精心筹划，快速高效全面准备 ························ 31
　二、特常结合，精干专业编组力量 ························ 37
　三、审时择要，基于能力慎重实施 ························ 41
　四、以工为长，灵活运用战法手段 ························ 46
　五、密切协调，统筹实施支援保障 ························ 50

第四章　工程特战技术手段与力量构成 ························ 55
　一、工程特战主要技术手段 ······························ 55

二、工程特战主要力量构成 …………………………………… 59

第五章　工程特战组织实施 ……………………………………… 69
　　一、工程特战行动准备 …………………………………………… 69
　　二、工程特战行动实施 …………………………………………… 86
　　三、工程特战组织指挥 …………………………………………… 96

第六章　工程特战装备发展需求 ………………………………… 126
　　一、感知装备 ……………………………………………………… 126
　　二、指控装备 ……………………………………………………… 128
　　三、搜排爆装备 …………………………………………………… 130
　　四、爆破装备 ……………………………………………………… 131
　　五、单兵战斗装备 ………………………………………………… 132

第七章　工程特战发展趋势 ……………………………………… 135
　　一、内聚融合 ……………………………………………………… 135
　　二、实时高效 ……………………………………………………… 138
　　三、幕后指导 ……………………………………………………… 140
　　四、远程智能 ……………………………………………………… 141

参考文献 …………………………………………………………… 143

第一章 概 述

"工程特战"作为理论创新提出的新概念,我们首先要弄清其涉及的基本问题。其基本问题主要包括概念、内涵、特点、研究意义和产生发展等。概念和内涵是工程特战研究的逻辑起点,特点是工程特战的本质体现,研究意义是工程特战的价值所在,产生发展是工程特战的实践脉络。只有准确把握了工程特战的基本问题,才能对工程特战的全貌有一个总体了解,并为深入研究工程特战打下理论基础。

一、工程特战概念和内涵

概念和内涵问题是工程特战研究的起点,只有首先科学界定工程特战的概念,并准确理解其内涵,才能全面、准确、深入地对其展开研究。

(一)工程特战概念

随着全军体制编制调整改革的逐步落地,军委机关、院校、科研机构和部队正在积极开展理论创新活动,拟通过理论创新,进一步促进军队调整转型,指导部队作战训练,引领装备研制发展,为军队改革提供有效支撑。正是在这一大背景下，我们提出了"工程特战"这一概念。但究竟何为工程特战，学术界存在不同的观点。

一种观点从作战力量出发，认为工程特战是指工程兵或以工程兵为主要力量实施的特种作战，即"工程兵特战"，如工程兵遂行工程破袭，工程兵排除特种作战夺控目标附近的爆炸物等。至于其他兵种的特种作战行动则一概不属于工程特战的范畴。另一种观点认为工程特战必须是以工程目标为主要行动对象实施的特种作战，即"工程目标特战"。此观点认为工程特战与行动主体、方法、手段无关，行动主体是工程兵、特种兵，抑或其他兵种，采取的是工程爆破、火力打击，抑或是兵力夺控等手段，均无关紧要，只要针对的对象是工程目标，即工程特战。如特种部队夺控敌方机场、码头、车站、桥梁，特种部队引导航空兵、舰载火力和导弹部队等力量打击敌方指挥工程、坚固工事。

上述观点都有一定的道理，但也存在一定的局限性，均无法体现工程特战的全部内涵和特殊意义。要想准确地界定"工程特战"这一概念，必须运用科学的逻辑分析方法。

我军军事理论研究在界定一个概念时，通常采取"属概念+种差"的逻辑方法。"属概念"表明了该事物的本质，"种差"则指出了该事物与其他事物的区别。"工程作战"是"工程特战"的"属概念"，"特种作战目的"是其"种差"。特种作战，2011版《中国人民解放军军语》对其解释为"为达成特定作战目的，由特种部队或临时赋予特殊任务的其他部队进行的非正规作战"。[1]这一定义指出了作战目的（特定作战目的）、作战力量（特种部队或临时赋予特殊任务的其他部队）和作战方式（非正规作战），但没有说明作战对象和作战手段。

根据事物定义的特点、规律和要求，我们认为，要准确地界定"工程特战"：一是在属性上要明确指出它属于特种作战，二是在种差上要突出特定的作战手段。因此，我们将工程特战定义为为达成特种作战目的，综合运用工程技术和手段实施的工程作战行动。这一定义对作战方式的约束与工程作战的特点一脉相承，符合工程作战的基本要求；同时，又对特种作战目的加以约束，使工程特战与一般意义的工程作战能够有明显的区别。工程特战的含义更加清晰明朗，且便于大家接受和理解。

（二）工程特战内涵

要准确地理解工程特战的基本内涵，应主要从作战目的、作战力量、作战手段、作战方式四个方面加以把握。

从作战目的上说，在可以遂行的多种任务中，只有那些为达到特定的军事、政治、经济和外交目的的作战，才有可能称为工程特战。如果是把特种部队或临时赋予特殊任务的其他部队，用于配合性的战术范围内作战，不管其采取何种手段针对任何目标，均不属于工程特战。如为配合合同战斗而实施的工程侦察就不属于工程特战。

从作战力量上说，只有特种部队或经过特殊训练的其他精锐部队实施的作战才可能是工程特战。特种部队是为了完成特种作战任务而专门组建的，其编制、装备及人员训练都是依据特种作战任务需要确立的，是实施工程特战的主体力量。在某些情况下，单靠特种部队建制内的力量不足以完成任务，需要临时抽调常规作战部队或其他一些特殊行业的技术骨干进行特混编组，比如工程兵、防化兵、通信兵、地方工程师等，并经过临时性的专门训练后行动，这样的行动也可能属于工程特战。常规作战部队一般不实施工程特战，但在特定情况下，某一常规作战力量被赋予工程特战任务，并经过特殊训练后，他们的行动同样属于工程特战的范畴。比如，工程兵地爆力量经过特殊训练后，对敌纵深内的战役指挥所实施工程破袭等，就属于工程特战。

从作战手段上说，工程特战主要使用工程技术手段，如搜排爆、工程破袭、工程佯动等。如若不是主要采取工程技术手段，即使是针对工程目标的特种作战行动，也不能称为工程特战。比如采取兵力夺控的手段立体夺占敌防御纵深内的机场、港口和码头，对敌纵深内的桥梁、仓库、基地实施火力破袭等，均不属于工程特战。

从作战方式上说，工程特战必须是以非正规作战方式实施的作战。工程特战目的的独特性和力量的有限性，决定了非正规性作战方式的必要性。如果采用正规作战行动方式与手段，难以达成隐蔽突然、出奇制胜的效果，也就不可能实现作战目的。即使让特种部队，在战略、战役行动中以常规方式执行能够对作战全局起着重要作用的特殊的作战任务，其也不属于工程特战。

二、工程特战主要任务

厘清工程特战的基本任务，是建构工程特战理论体系的基本前提。工程特战的主要任务包括特种工程侦察、特种工程破袭、特种搜排爆和其他任务。

（一）特种工程侦察

特种工程侦察，是指由特种部队或临时赋予特殊任务的其他部队，为获取工程情报而实施的侦察。实施特种工程侦察，通常需要运用常规部队所不具备的侦察技能，往往在敌对、拒止或政治敏感环境中实施，是作为特种作战行动实施的工程侦察与监视行动，用于收集或核实具有战略或战役意义的军事或民事工程情报信息。特种工程侦察包括工程情报获取和对工程目标的打击后侦察。

特种工程侦察，可为上级指挥决策提供工程情报保障，可为主力部队和远程打击兵器提供纵深重要工程目标情报，也可为特种作战行动的顺利实施提供情报支撑。特种工程侦察的行动方式主要有两种：一是参与上级组织实施的联合特种侦察，二是组织独立实施的特种工程侦察。

1. 参与上级组织实施的联合特种侦察

联合特种侦察，是指联合战役军团组织编成内的特种侦察力量，在联合作战指挥机构的统一指挥下共同实施的侦察。其主要目的是为指挥决策提供各种情报支撑。其中必然包含对敌重要工程设施（如大型水电水利设施、核生化设施、交通枢纽、重要桥梁、指挥通信工程等）的情报侦察，而以之为目标的侦察行动就是联合特种侦察下的特种工程侦察。

阿富汗战争前，美军、英军为了掌握"基地"组织和塔利班的活动情况，特种部队在"9·11"事件不久后，就开始秘密进入阿富汗执行侦察任务。他们在阿富汗境内交通要道和秘密地点安装了许多监测仪，定点监视"基地"组织和塔利班的动向，较为详细地掌握了其活动规律和调动情况，为组织实施打击行动提供了可靠情报。海湾战争期间，美国中央情报局从"绿色贝雷帽"部队中挑选了一批长相与伊拉克人相似、能操一口流利的阿拉伯语的美籍阿拉伯后裔，执行敌后侦察任务。他们化整为零，以 3~5 个人为一个行动小组，昼伏夜出，行动诡秘，获取了 40 多个伊军"飞毛腿"导弹发射架的重要情报，为多国部队实施精确打击提供了准确位置参数。在伊拉克战争开战前的 2002 年 11 月，美军特种部队就已大量潜入伊拉克开始秘密行动，并与萨达姆政权内有可能成为告密者的官员建立关系，搜集各种军政情报。至开战前夕，美军在伊拉克境内的特种作战部队人员已有 500 多人。特种作战部队人员利用先进的通信器材和全球定位系统，在伊拉克境内搜寻伊拉克的机动导弹发射装置，查证伊拉克高级官员的住处，跟踪伊拉克高级官员的活动，同时还搜集了大量伊拉克军队火炮阵地、指挥控制设施、通信系统等方面的情报，为美军定下实施第一次"斩首行动"的决心提供了重要工程情报支撑。

2. 组织独立实施的特种工程侦察

独立特种工程侦察，就是特种部（分）队或临时赋予特殊任务的其他部队单独实施的以获取工程情报为目的的特种侦察。主要目的是为后续特种作战、空袭、精确打击等行动提供情报保障。

在整个海湾战争期间，美军特种部队的特种工程侦察行动相当出色，为美军行动提供了大量重要工程情报信息。如查明了伊拉克空军总部5个地下掩蔽所的配置情报；为第18空降军和第7空降军查明了纵深地域进攻道路的土质和地形情况；查明了伊拉克T-43布雷艇的水雷情报以及部分"飞毛腿"导弹的配置位置等情报。这些为美军后续精确打击行动提供了可靠的情报支撑。

（二）特种工程破袭

特种工程破袭，是指特种作战力量以突然袭击方式，使用爆破手段对敌重要工程目标实施破坏、摧毁的作战行动。特种工程破袭，通常是对敌重要的指挥工事、雷达站、通信节点、机场、港口、导弹发射阵地以及后方补给、交通运输等工程目标进行破坏。其任务主要有以下几点。

1. 破袭敌方指挥控制工程

特种作战力量根据作战全局的需要，通过爆破敌指挥、通信、控制、情报系统等承载工程，达成破坏敌人指挥控制和作战保障系统的目的，从而使敌作战体系瘫痪。苏军入侵阿富汗战争中，特种部队就是从炸毁阿富汗的通信"水井"开始的。当时，特种部队组成了10个人的战斗小组，专门负责炸毁喀布尔的通信枢纽，并按预定时间成功地完成了爆破任务。随着一声巨大的爆炸声，喀布尔的通信全线瘫痪，持续9年的阿富汗战争正式打响。

2. 破袭敌方主要军用设施工程

对敌方雷达站、通信节点、导弹发射阵地、机场、港口、阵地等重要军用工程目标实施工程破袭，不仅可以直接消灭敌方有生力量,而且能够对敌军心理产生极大震撼,是特种作战支援配合常规作战的重要行动。英阿马岛战争中,英军特种部队夜袭阿军的佩布尔岛机场,将11架阿军战斗机全部炸毁,同时炸毁了1个雷达站和1座弹药仓库,极大地削弱了阿军的空战能力,为英军发起登岛战役扫清道路,创造了特种部队成功突袭重要目标的典型战例。

3. 破袭敌方交通运输工程

特种作战力量破袭敌方机场、港口和交通设施,是限制敌方机动、破坏敌后方补给的有效手段。例如,在越南战争中,越南南方人民武装曾派出由98名特工人员组成的破袭分队,利用夜暗隐蔽接近位于西贡市西北约5000米的新山机场,在炸毁机场设施的同时,致使美军损失各种飞机164架、装甲车17辆、引爆航空炸弹300余吨,歼敌800余人,消除了美军对该地区附近的空中威胁,有力地策应了正面战场作战。再如,前南斯拉夫电影《桥》所讲述的故事,就是南斯拉夫特种作战小分队历经艰险,通过爆破炸毁德军后续部队机动所经的重要桥梁,滞迟了德军的增援行动,有力地支持了己方主力部队作战。

4. 破袭敌后方补给工程

特种作战力量通过破袭敌后方补给系统,咬住或切断其"尾巴",可使其前方的"牙齿"失去机动和突击能力;通过破袭敌后方弹药基地、物资仓库、供电系统、维修保障系统等重要工程目标,可迫使敌前方断"粮",从而削弱其整体作战实力。1968年10月31日夜间,以色列特种部队乘直升机沿海面低空飞行，在有效地避开埃及地面雷达、秘密抵达埃及境内 80000 米后机降着陆，换乘机载的吉普车，化装成埃及军人接近埃及纳加哈马迪发电站，成功地对其实施了破袭作战，炸毁了阿斯旺至开罗的主要输电线路，严重削弱了埃及的电力供应。

5. 破袭其他重要工程目标

根据作战需要，特种作战力量可以对敌军政要员居住地、办公地或隐藏地等工程目标进行破袭，歼灭敌军政要员。也可对战场上的一些特殊目标实施破袭。例如，1973 年的第四次中东战争开始前夕，埃及得知以色列在苏伊士运河中埋设了人工火阵，企图以此封锁运河。埃及特种部队当即派出"蛙人"小队潜入水中，破坏了以色列军队布设在运河中用于形成人工火阵的全部喷油管道设施，使以色列军队人工火阵计划彻底破产，从而挽救了 8000 名埃及特工的生命。

特种作战分队遂行特种工程破袭行动，不仅需要对敌方工程目标实施破坏作业，还应在破坏作业后，对目标的毁伤效果进行评估，得出毁伤效果评估结果，确定是否达成作战目的，以便展开下步行动。其主要包括对工程目标和装备平台目标的毁伤效果进行评估。

（三）特种搜排爆

1. 搜排重要目标附近特种爆炸物

一是在特种作战力量担负重要目标和人员的安保警戒任务时，实施排除重要目标和人员机动路线附近的非制式爆炸物的行动。二是在特种作战力量遂行夺取并控制对作战全局有重大影响的要害目标的作战行动中，实施排除目标周边敌方设置的各种不明结构爆炸物的行动，为特种作战力量夺控目标提供工程技术支持。

2. 搜排机动路线上的特种爆炸物

特种作战部（分）队在遂行特种作战行动时，在机动路线上可能存在敌方设置的各类特种爆炸物，如果处置不当，必然导致人员伤亡、装备损毁，造成行动受阻。因而，特种作战部（分）队在实施机动时，应提前派出特种爆破分队展开特种搜排爆行动，以确保机动路线畅通，保障行动顺利。

（四）其他任务

1. 提供生命维持工程措施

特种作战力量经常需要在各种恶劣环境下遂行特种作战任务，提供生命维持工程措施主要是为了保障特战人员在恶劣环境下的生存需求，为其提供伪装、给水、防护等措施，保障其顺利完成特种作战任务。

2. 提供安全防护工程措施

提供安全防护工程措施，主要是在特种作战力量执行特种作战任务时，为防敌军追踪或迟滞敌军增援，在敌军追踪路线上快速布设防追踪弹药，或在我军夺取目标的附近设置各种障碍物，以保障特战人员安全。

3. 提供削弱敌作战能力工程措施

提供削弱敌作战能力工程措施，主要是运用专用爆破弹药产生震荡、强光使敌短暂失去作战能力，保障特种作战行动顺利展开。

4. 实施特种工程佯动

实施特种工程佯动，主要是运用爆破、伪装等手段，在特战行动的其他方向制造行动假象，以迷惑、吸引敌人的注意力，配合特种作战行动实施。

三、工程特战研究意义

把工程特战作为研究对象，是由其特殊的地位与作用决定的。工程特战作为一种特殊的作战行动，与战争的历史一样，自古有之，源远流长。从特洛伊战争中的"木马欺骗"到诺曼底登陆的"蛙人爆破"，从战国时期的"水淹鄢都"到抗日战争的"夜袭阳明堡"，都具备了工程特战的特点。随着信息技术的飞速发展和战争形态的演变，工程特战正在发生深刻的革命性变化。特别是近年来，无论是阿富汗、伊拉克战争，还是俄格冲突、巴以冲突和叙利亚危机，工程特战行动频频亮相，作战手段不断更新，受到了世界各国高层的重视和关注，亟须我们对其展开全面、深入的理论研究。

（一）适应陆军转型建设需要

一方面，对工程特战展开研究，是增强特种部队工程特战能力的需要。目前，陆军特种作战旅配备了能够遂行工程侦察、陆上（空中、水上和水下）机动、工程破袭等任务的武器装备。反恐特种作战大队除了可以遂行境外武装营救、跨境反恐清源、海外特勤护卫等任务外，也可根据需要遂行工程破袭、境外关隘设障、特种工程佯动等工程特战任务。至此，我国陆军形成了覆盖各个战区、涵盖战略战役层级和主要战略方向的特种作战力量体系，特种部队规模结构实现重大历史性跨越，特种部队建设发展掀开了新的一页。因此，亟须我们在新时代军事战略方针的统揽下，立足陆军特种作战部队转型建设及未来发展，以信息化局部战争中的工程特战任务为基本着眼点，研究揭示工程特战的基本规律，探索特种作战部队遂行工程特战任务的指导规律，以提高特种作战部队遂行工程特战的能力素质。

另一方面，对工程特战展开研究也能为工程兵等其他可能遂行工程特战任务军兵种，树立工程特战意识，提高工程特战能力。随着工程技术的快速发展，新型工程装备武器平台陆续列装，以及工程兵等其他军兵种体制编制的调整和综合作战能力的大幅提升，为除特种兵之外的其他兵种遂行工程特战任务提供了可能。例如，体制编制调整后集团军工程防化旅（工兵旅）作战支援营均编有爆破连，拥有特种爆破物探测和排除技术、特种爆破技术（含水下探测和水下爆破）及编配的相应装备，均可担负工程破袭、进行爆炸物探测和排除等工程特战任务。另外，舟桥团、舟桥旅中的潜水班，也可担负水下目标的特种侦察探测排除任务。因此，对工程特战展开研究，比如明确工程特战的主要任务，确定遂行工程特战任务的作战力量，探讨工程特战的主要行动和组织指挥等，对帮助相关军兵种认清自身任务、树立工程特战意识、加强工程特战能力建设有着重要作用。

（二）满足作战理论创新急需

随着特种作战部队的快速发展，工程兵等军兵种遂行工程特战任务的可能性增大，加之我军工程特战理论的研究还处于起步阶段，迫切需要加强相关理论研究，以指导工程特战的实践发展。

一方面，加强相关理论研究是丰富和完善特种作战相关理论的迫切需要。工程特战，作为特种作战的重要组成部分，通过对其主要特点、产生发展、作战任务、基本指导、主要行动、组织指挥等基本理论的研究，可以进一步丰富和完善特种作战基本理论。另外，通过分析、总结中外工程特战战例，总结归纳出带规律性的理论成果，并用这些成果牵引工程特战乃至特种作战的训练和实践。例如，通过研究第二次世界大战、英阿马岛战争、海湾战争和伊拉克战争中的工程特战，全面总结分析工程侦察、工程破袭、特种工程佯动、秘密排除水雷等工程特战的行动经验，以深化对工程特战和特种作战特点规律的认识，并牵引工程特战的战法、训法等方面的创新发展。

另一方面，加强相关理论研究是构建工程兵等其他军兵种的工程特战理论体系的现实需求。工程兵等其他军兵种遂行工程特战任务，是信息化战争的要求。他们在以信息主导、体系破击为主要特征的战场中参与工程特战任务，将呈现出行动空间立体化、行动手段工程化、信息共享实时化、兵力运用融合化等全新特征。这与他们所担负的传统作战任务相比，不仅是任务的变化，更是作战思想、作战理论、作战技术等方面创新实践，迫切需要有新的理论对其进行指导。例如，应加强工程兵工程特战行动理论的研究，对工程兵在工程特战任务中如何实现信息共享、智能决策、高效组织、精确控制、有效融合等问题展开研究；又如，通过对其他兵种遂行工程特战任务的研究，将其中规律性、共性的东西以法规、制度、纲要等不同形式固化下来，并将相关成果尽快转化到条令、教材中，尽早形成理论体系。

（三）引领工程装备技术发展

工程特战往往以工程措施为主要手段，通过对工程特战展开研究，预测其未来发展及对工程装备能力需求，进而引领工程装备和工程技术的发展。例如，在未来的机场、港口、指挥工程等目标的夺控中，一旦夺占目标成功，就需要立即组织防守，防敌反扑，有时是边夺占、边控制、边抗击。夺控成功转入防御后，需要及时建立防御体系，最大限度地弥补工程特战力量的不足。而目前的工程设障装备由于体积大、作业速度慢而无法满足需求，亟须发展小型、快速、立体设障工程装备，以提高夺控行动的成功率。又如，遂行工程破袭任务，既需要携行爆破装药对高价值的工程目标进行摧毁，还需要考虑行动企图暴露时，布设防追踪弹药，保障撤退。同时，由于战场信息不透明，作战分队在遂行任务初期难以精确预测所需爆破目标的类型和所需药量。而遂行任务的分队是小编组隐秘行动，既难以超量携带所需爆破装备器材，也难以对其进行装备物资前送保障，因此，设计研发模块化效能组合式爆破装备就显得尤其重要。再如，为隐蔽我军作战企图，对于在工程破袭中布设的各类爆破装备，除了要求其具备能随时可靠起爆、精确释能的良好性能外，还要求其具备能在形势突变、行动被迫取消情况下自我销毁，以及在行动完成后自行销毁的能力，需要重视爆破装备自我销毁技术的研发。

可以预见，在未来信息化战场上各类信息化新机理的工程装备和技术将大展风采，我们必须紧跟技术发展前沿，积极论证作战需求，牵引符合我军工程特战需求的工程装备和技术发展。

四、工程特战形成发展

工程特战作为一种特殊的特种作战行动，虽然于近年才被提出来，但自古有之。厘清工程特战的形成与发展脉络，对于加速推进我军工程特战的发展具有十分重要的意义。

（一）外军工程特战形成发展

外军特种作战的演变过程依据其发展的脉络可以划分为孕育阶段、形成阶段、发展阶段。

1. 孕育阶段

战争是由人类早期的暴力冲突发展演变而来的。人类在战争中为了战胜对方，除了以武力相加外，还要想方设法地打探对方的情报，或破坏对方的重要军事设施，从而也就产生了以侦察和破坏为主要目的的工程特战行动。虽然名称不是工程特战，但具有与正规作战不同的特殊性质，并现实地存在于远古时期的战争中。因此，作为一种作战形式，应该说工程特战是伴随战争的产生而逐渐产生的，又伴随战争的发展而不断发展。

外军处于萌芽状态的工程特战，最早可以追溯到公元前若干世纪。公元前1193年，希腊斯巴达王麦尼劳斯兴兵讨伐特洛伊。由于特洛伊城池非常坚固，易守难攻，双方军队对峙长达10年之久，最后奥德修斯献上妙计，希腊军队佯装撤退，留下一匹巨大无比的木马，特洛伊人把木马当战利品运进城里。夜里，藏匿在木马腹中的20名士兵冲出，打开城门，里应外合，攻陷了特洛伊城。此次战争中运用的木马计具备了特种工程伪装的特点，敌我双方不是在公开战场上进行武装对抗，而是采用欺骗手段进入敌方领土并给敌方以沉重打击，从而赢得战争的胜利。

随着人类战争的发展，工程特战逐步成型。1700—1721年，俄国与瑞典进行了长达21年的战争，历史上称为"北方战争"。战争一开始，彼得大帝充分认识到在敌后方作战和破坏敌交通设施的重要性，并赋予这种作战行动重要的战略意义。因而在1701年，彼得大帝就建立了专门在敌人交通线上作战的兵团，当时称为"游动队"。游动队人员的组成、数量、组织和作用，在彼得一世于1716年3月30日颁发的《军人条令》第六章中有详细介绍。条令中写道："游动队（即快速军），或从俄国大军中抽取，或单独组建，是数量为几千人的队伍。他们由一名将军统一指挥，其任务是切断并夺取敌给养粮草，或深入敌后实施破坏活动。"俄军游动队在战争中发挥了特殊作用，尤其是在列斯纳亚村瑞典军团后方的工事、桥梁等进行大肆破坏，从而为俄国战胜瑞典奠定了基础，被载入俄国军事史册。

美国在独立战争时期组建游骑兵，对英军实施侦察、袭扰、破坏等作战行动。这些部队运用小分队战术，采取爆破、破坏等手段，遂行爆破据点、破坏桥梁、侦察敌情等任务，已经具备工程特战的性质。

工程特战孕育时期的主要表现：一是还没有使用工程特战的概念，但在许多作战中已经存在带工程特战色彩的行动，主要体现在作战的方式方法上；二是还没有专门的特种部队，只有临时担任此类任务的人员和部队；三是已经开始产生朴素的工程特战思想，但内容零散，运用手段原始，达成的目的有限。

2. 形成阶段

工程特战形成于20世纪初至1945年第二次世界大战结束。在这一时期，随着社会的不断进步和工程技术的不断发展以及当时各国军事斗争的需要，西方一些主要国家相继组建了专门的特种作战部队，并在作战中广泛实施了工程特战行动，发挥了巨大作用。

工程特战全面形成于第二次世界大战。其主要标志是世界主要国家均相继组建了本国的特种作战部队，并在各主要战场广泛开展了工程侦察、秘密破障、特种工程伴动、破袭指挥所等工程目标的工程特战行动。在战争期间，多个参战国家充分发挥工程特战的潜力，在战场上开展了一系列工程特战行动。

其中，最早使用特种作战部队实施工程特战行动的是英国。1940年5月，在最激烈的欧洲战场上，招架不住德军猛烈进攻的英军，被迫从法国敦刻尔克撤回本土。为阻止德军向英国本土进攻，并为以后向德军占领区实施积极的连续的反攻创造条件，1940年6月英军秘密组建了"哥曼德"特种部队，频频向德军发起攻击，破袭布伦和贝尔克海军基地、打击格恩济岛德军雷达阵地、破坏挪威沿海的罗弗敦海军供应基地，搅得德军首尾难以相顾。

随着英军工程特战大获成功，美国、加拿大组建了联合特种部队，并投入意大利、法国战场，积极地实施工程特战。1944年的诺曼底登陆战役中，美国、英国特种作战部队进行了一系列的工程特战，把工程特战推向了高潮。1944年4月，为保障登陆战役成功，美国、英国情报部门就秘密策划了"苏塞克斯"计划，按照这个计划，盟军将90多个作战小组空投到德军占领区。这些作战小组按照统一部署在敌后展开了大规模的阻滞和破坏活动。其中"绿色"计划破坏德军控制的铁路；"乌龟"计划破坏德军的公路和桥梁；"蓝色"计划破坏德军的供电设施。美国、英国等国参加这些工程特战的特种部队人员达上千人，仅在法国境内就有几十个作战小组。盟军工程特战的全面骚扰给德军以沉重打击。诺曼底登陆前夕，美军海豹部队前身——海军水下爆破队，以6人1队的方式担任两栖先锋，以橡皮艇或游泳方式渗透至敌人占领区，开展破坏与侦察等任务。诺曼底登陆当日，仅在奥马哈滩头，就有175名"蛙人"担任两栖登陆的开路先锋，他们秘密破坏了超过80%的防御设施，使后面的部队顺利登陆。诺曼底战役结束后，海军水下爆破队便加入了太平洋战区，继续进行两栖工程特战任务。

在外军工程特战的形成阶段，其主要表现包括：一是许多国家建立了专门的且有一定规模的特种部队，并在战役中广泛实施工程特战行动；二是工程特战的理论初步形成，人们对工程特战有了比较深入的认识；三是随着工程技术的快速发展，工程特战的样式、方法开始多样化，其主要行动有工程侦察、工程破袭等。

3. 发展阶段

第二次世界大战后，工程特战呈现波浪式发展特点。在第二次世界大战结束后的最初几年，由于世界相对平稳，世界各国大多在调整经济，对工程特战的需求日趋减少，因此工程特战的发展几乎处于停滞状态：许多国家的特种作战部队中有些被合并到常规部队中，有的被精减或解散；工程特战实践行动也大幅度减少，绝大多数国家的工程特战几乎停止。尽管特种作战的发展出现低谷，但工程特战思想仍在各国军队中扎下了根。

20世纪40年代末至50年代，伴随着世界两大阵营格局的形成，以及两个超级大国在世界范围内的霸权争夺，围绕经济、政治和军事利益争夺的局部战争与武装冲突急剧增加，这又为工程特战提供了发展机遇。在20世纪50年代初的朝鲜战争期间，美军恢复组建了若干个特种作战部队，并多次在战场上运用，如俗称"蛙人队"的海军水中破坏队对仁川地区进行了工程侦察，获取了仁川地区的潮汐、海岸、道路等情报信息，并拆除了仁川地区的部分水雷；1952—1953年以美国第10特种作战部队分遣队为主力的"联合国游击队驻韩国步兵部队"，在中朝后方开展了大量的侦察道路、破袭桥梁、爆破铁路等工程特战行动。

在随后的越南战争中，美军以特种部队为先导，在不便于大规模部队行动的山岳丛林地区，广泛开展了工程侦察、工程破袭、特种工程设障等行动。如美军海豹队员在熟悉了越军的战术与装备后，穿着黑衣、草鞋或赤脚，使用AK-47或K式冲锋枪，深入敌后越军活动频繁地区，设置陷阱或诡雷装置。越南更是充分利用本土作战熟悉地形的优势，采取非对称作战的方式，组织小分队经常深入美军纵深，对其工事、阵地、交通枢纽进行破袭，极大地牵制了美军行动，使美军陷入了"越战泥潭"。

第四次中东战争期间，以色列、埃及的特种作战部队在战前对敌的工程侦察、破坏对方防御工事等活动，战争中在敌后方的工程破袭等，都极大地影响了战争的进程。1982 年，英阿马岛战争中，英军的特别空勤团和特别舟艇中队，作为"拳头""尖兵"和"耳目"，率先夺取南乔治亚岛，破袭佩布尔岛机场和雷达站，并在整个马岛地区广泛开展了工程侦察、工程破袭等多种工程特战行动，发挥了非常重要的作用，成为各国军方研究和学习的典型案例。1983 年，美军入侵加勒比海地区小国——格林纳达。派遣海豹突击队侦察盐水岬机场，看跑道上是否存在一些影响夺取该机场部队行动的碎石或障碍物，并放置航信标灯，引导美军运输机着陆；对珍珠机场实施侦察，获取敌方兵力部署、阵地编成和障碍设置等信息；破袭自由电台发射站，防止格林纳达军向民众广播。这个系列的工程特战行动，极大地帮助美军达到了预期的作战目的。

在 1991 的海湾战争中，美军工程特战达到了一个新的高度，在战争的各个阶段都发挥了重要作用：在"沙漠盾牌"行动中，特种部队最先部署到位，对伊拉克境内的港口、机场、桥梁、道路、油田以及伊军的防御工事进行了详细侦察，在获取伊军情报中发挥了重要作用；在"沙漠风暴"阶段，美军海豹突击队将爆炸物安放在科威特海滩，并成功进行了诱爆，吸引了伊拉克军队的注意，使其从沙伊边境调来两个精锐师到海岸，为美军地面部队顺利实施"左勾拳"行动创造了有利条件。

伊拉克战争中，美军担心巴格达东北部的一个水电站大坝会被巴格达复兴党人炸毁或泄洪，于是派遣一支特种作战部队占领该大坝。几十名海豹队员和波兰的格罗姆突击队员在占领大坝附近的发电站和基础建筑物后，迅速对电站内可能的爆炸物进行了搜索，并在大坝旁边设置了地雷的障碍物，防止敌人潜入破坏。

在这个阶段，外军工程特战主要表现为：一是特种作战力量迅速扩大，形形色色的特种作战部队相继出现在战场上。二是工程特战力量的作战编组进一步优化，通常由作战部队、工程兵、部分专家及后勤支援、保障等力量，经过严格的训练后进行融合编组。三是工程特战的运用更加广泛，作战领域逐步扩展，作战效能更加突出。在这一阶段，几乎每次战争和冲突都有工程特战行动。四是工程特战的作战样式更加多样化，先进的工程技术越来越多地运用于作战中。

(二) 我军工程特战形成发展

我军从诞生那天起，就十分重视对工程特战的研究和运用。我军战史从一定意义上讲，就是一部以非正规作战打败强大敌人的历史。在长期以弱对强、以劣抗优的作战中，工程特战发挥了重要的作用，创造了显赫的战绩。

从第一次国内革命战争到抗美援朝战争，我国各种游击队和侦察分队运用游击战战术，实施了大量的工程侦察、工程破袭等工程特战行动。例如，抗日战争中的"铁道游击队"和"敌后武工队"等，运用破袭战、地道战、麻雀战等战术，通过侦察敌军的阵地、工事、障碍等情况，广泛破袭敌后方重要目标和交通线（如偷袭阳明堡机场），袭扰和破坏敌指挥通信枢纽，配合主力部队有力地打击了敌人，为赢得战争胜利起到了重要的作用。解放战争和抗美援朝战争中，我军在作战力量发展壮大、主要实施大兵团常规作战的条件下，仍然继承和发扬传统优势，组织实施了大量工程特战。如解放战争时期，渡江战役中的先遣侦察行动，获取了敌军的兵力部署、阵地编成、障碍设置，以及敌岸的水文、岸滩、道路等情报信息。抗美援朝战争中，中国志愿军炸桥分队的"三炸水门桥"，三次成功将美军陆战 1 师撤退必经之路上的水门桥炸毁，尤其是第三次，将桥和桥基都炸掉了；"奇袭武陵桥"，不仅派出两个侦察连负责火力打击，同时编配了两个工兵排负责炸毁桥梁，力量搭配合理，确保了作战任务的完成；"穿插道峰山"，于穿插战斗发起前，派遣了 3 名侦察员秘密潜至敌阵地，在距敌工事仅七八米处做了抵近侦察，摸清了敌阵地构造、障碍设置等情况，为指挥员确定穿插路线提供了依据。这些行动作战方式、手段已初步具备工程特战的性质。

1962 年，在中印边境自卫反击作战中，我军各部队克服了种种困难，反复组织战场侦察，有的还派干部深入敌后进行侦察，并采取调查询问、研究资料等各种手段，基本摸清了作战地区的地形和道路情况，对实施正确指挥、完成作战任务，起到了很大的作用。比如，在东段反击作战前，西藏军区赵文进副司令员亲自派出得力的干部和精干分队渗入敌后隐蔽侦察，除掌握当面敌情外，还比较准确地掌握了战区地形特别是迂回穿插的道路等情况，为战役指挥员定下正确的决心提供了准确的依据。

在 1979 年的对越自卫还击作战和随后的老山、者阴山两山轮战中，我军派遣了大量的侦察分队，深入敌后遂行侦察敌情、破袭敌军事目标等任务。例如，两山轮战中，为配合主力部队作战，先后从全军侦察分队和空降兵部队抽组了15支侦察大队共2.6万余人，分5批赴中越边境侦察轮战，在云南数百千米的边境线上执行特种作战任务，其中就有大量的工程特战行动。

第二章 工程特战特点

工程特战具有区别于其他作战的特殊表现形式。揭示工程特战固有的、区别于其他作战的特质,对于深刻认识工程特战的本质非常重要。从工程特战的实践看,其具有以下特点。

一、目标指向精准

工程特战,由于作战力量相对有限,不可能对所有目标都实施打击。因此,往往通过精确打击或破坏敌作战体系中的要害目标或关键节点,破坏或瘫痪其作战体系的正常运行,瓦解其作战人员意志,降低或丧失其整体作战功能,以达到以小击大、以弱打强、四两拨千斤的作战目的,为夺取作战胜利奠定基础,具有明显的目标指向精准的特点。所谓目标指向精准是指通过周密的系统分析,真正找准对敌整体作战体系产生重大影响的关键目标,采取精确作战手段,对这些要害目标实施打击或破坏,使敌致聋、致哑、致盲、致瘫,丧失其应有的功能。

一是工程特战选择的打击目标,通常是关系敌作战体系稳定的要害和关键节点，其打击的目标通常是战役乃至战略目标，既是敌之要害，又是敌之关节，其作战效果直接影响作战进程。因此，工程特战的目标选择非常重要。工程特战行动一般不是以大量歼灭敌人为主要目的，而是强调打击敌纵深重要的指挥、通信、交通等要害目标，如指挥机关、交通枢纽、敌军首脑乘坐的交通工具、重要战略设施及武器装备系统等，从整体上瘫痪敌作战体系，或通过有效的工程侦察行动，为作战提供实时、精准的情报信息保障。

二是工程特战运用的作战方式，通常是点对点的精确打击。工程特战强调充分发挥网络信息系统的功能，对敌之要害和关键目标实施精确打击或破坏。通常，首先是综合运用各种侦察力量及侦察手段，对要害目标或关键部位实施精确侦察或定位；接着，综合使用工程技术手段对其实施精确打击或破坏；尔后，及时对打击或破坏效果进行评估，力争在最短的时间内达成作战目的。

由此可以看出，工程特战无论是在选择目标上还是在针对目标的打击手段上，都是紧紧围绕敌作战体系的要害目标或关键节点实施的重点和精确的打击或破坏，具有精选目标和精确打击的特点，目标指向十分精准。

二、力量构成精干

工程特战大多是动用精干力量，以巧战制胜。一是人员少。为达成工程特战的突然性、隐蔽性，一般使用规模较小的兵力，参战人数往往能少则少，有时宁可牺牲部分能力也要尽量少派人。比如：为确保隐蔽行动而减少人员，导致火力较弱；为确保携带足够的爆破器材，宁可少带个人生存保障物资，也不增加人员。1989年12月20日，美军入侵巴拿马，旨在驱逐与美国不合作的巴拿马领导人诺列加。为防止诺列加从港口潜逃，美军在入侵的前夜，仅派了4名海豹突击队队员，携带大量的塑料炸药渗透至巴拿马运河水域的巴尔博亚港，在港口的关键部位放置了炸药后，迅速撤退至安全地点。12月20日1时，炸药爆炸，港口被成功炸毁。二是力量精。工程特战所有人员必须精挑细选，好中选优，有极强的战斗素质，掌握过硬的工程技术，以确保能达成工程特战目的。1942年3月，为破袭德国潜艇基地，英国"哥曼德"特种部队由精明强悍、屡立战功的西摩尔中校担任指挥官，从特种部队中挑选了200名精干队员，陆军参谋部还推荐了80名拥有过硬破袭技术的队员，使这支突击队在人员组成上达到精干化，为工程破袭的成功奠定了良好基础。三是编组小。工程特战一般以"组"为基本作战单位。如美国海军特种部队"海豹"小队，编10个战斗排和1个司令部排，共22名军官126名士兵。每个战斗排编2名军官12名士兵，分为2个班；每个班1名军官、6名士兵，可再分为2个3人组或3个2人组。编组小，既可以隐蔽作战行动企图，又可以保持一定的作战能力，便于协调一致地完成作战任务。1982年，英阿马岛战争中，英军的特别空勤团和特别舟艇中队，作为拳头和尖兵，先后以3~6人和10~14人的战斗编组，成功渗透爆破了阿军的佩布尔岛机场和雷达站。

三、工程技术性强

工程特战，是主要以工程技术手段对敌重要目标实施的特种作战行动。在信息化局部战争中，根据作战全局的需要，工程特战的任务将进一步拓展，如担负工程侦察任务，为高层指挥员直接提供最关注的工程情报信息；对敌指挥工程、机场、港口等重要的工程目标实施工程破袭；实施特种工程伴动或伪装，掩护战略或战役行动；在特种作战中搜排简易爆炸装置；秘密渗透排除水雷；通过工程计算，引导空军、陆军航空兵、舰艇等对工程目标实施精确打击。每项任务，均有极强的工程技术性。如美军在反恐特种作战中搜排简易爆炸物时，通常使用"搜寻简易爆炸装置的地面穿透雷达""豺狼爆炸危险品预爆系统""高能水流喷射器械"等装备；当秘密搜排水雷时，工程特战力量将使用水雷探测器、高效能甚至是智能型炸药、工程计算软件和排雷工具等工程技术手段实施作战；当实施特种工程破袭时，在使用直升机、潜水器和登陆艇等运载工具机动后，主要通过在合适的时机和准确的位置，精确设置一定数量的装药，对敌目标实施破袭。以上种种任务涉及的工程技术不仅多，而且十分复杂，只有经过专业训练的人员方能担任。

四、组织筹划层次高

工程特战的作战规模、作战任务、行动时机、打击目标、协同方式、持续时间等，通常由战役乃至更高层次指挥员确定，工程特战被形象地称为战略级决策、战役级指挥、战术级行动。这种决策指挥形式，是区别于一般部队正规作战的重要特点之一。高层决策指挥，主要取决于作战目的的全局性和作战任务的特殊性，取决于多军兵种行动组织协调的复杂性和作战保障的艰巨性。只有高层指挥员根据作战全局的需要，及时组织指挥工程特战行动，才能使之真正用于关键时刻，起到以一当十、制胜全局的作用；才能减少不必要的组织指挥环节，有效隐蔽作战企图，达成行动的快速突然性；才能使工程特战的诸多力量在统一有效的指挥下配合主力部队协调一致地打击敌人；也才能在任务部队深入敌后遂行远距离作战的情况下，使作战保障更具灵活性和高效率。

例如，在第二次世界大战中，美军海豹部队的前身——海军水下爆破队，以 6 人 1 队的方式担任两栖先锋，以橡皮艇或游泳方式渗透至敌人占领区，对水文地质和防御工事进行侦察，并秘密排除水雷。在诺曼底登陆当日，即 1944 年 6 月 6 日在美军损失最重的奥马哈滩头上，175 名"蛙人"担任两栖登陆的开路先锋，秘密爆破了 80% 的防御设施，使得后面部队顺利登陆。这些工程特战行动均由盟军海军司令部直接指挥。在阿富汗战争中，美国国防部更是要求特种作战行动必须报经总统审批，并由美军特种作战司令部司令霍兰上将负责指挥，其中自然包括工程特战。这种作战指挥模式，不仅能够从国家战略层面精确掌控工程特战行动节奏，更有利于实现军事手段与政治、外交等手段的密切配合、协调行动。

五、抵近作业要求高

工程特战任务一般采取秘密渗透、抵近作业的方式实施，难度高、危险性大，加上作战环境大多十分陌生、险恶，有时候需要以寡敌众，往往需要任务部队具备隐蔽机动、高超战术、娴熟技能和稳定指挥等能力，方能完成相关任务。一是必须具备快速隐蔽的机动能力。抵近作业要求工程特战力量采取各种隐蔽机动的方式，快速突然地进入敌后方或纵深预定的工程目标附近，运用"打、炸、破"等手段，出其不意，攻其不备地达成作战目标。无论是工程侦察、工程破袭，还是秘密排除障碍物，都必须采取秘密接近的方式。1982年，英阿马岛战争中，英军特种部队搭乘直升机、潜艇和橡皮艇等机动工具，先后从空中、水上和地面实施渗透，并注意机动方式的转换，保证了特种部队快速、隐蔽登上南乔治亚岛开展先遣工程侦察，获取了敌人阵地编成、工事构筑、障碍设置和指挥所的位置等重要情报信息。二是必须具备高超的战术水平。工程特战，往往深入敌后，敌情不明，危机四伏，险象环生，需要具备高超的战术水平，能够进行高超的战术谋划、精心的战术准备和灵活的战术行动；否则一旦被敌方发现，则极有可能全军覆没。三是必须具备多样化的技能。工程特战往往深入敌后，战场环境十分险恶，往往需要多个兵种、多种专业、多种技能的人员进行混合编组，共同实施，方能完成任务。如工程侦察，为确保侦察的准确性，既需要特种作战力量，也需要专业的工程力量，甚至还需要具备翻译、宗教、急救、通信、防化等方面的专业力量。特种破袭工程目标，不仅需要具备隐蔽渗透、火力掩护、战场生存等方面的能力，更需要有工程计算、炸药使用等方面的技能。例如，英国皇家空降特勤队的"马刀战斗中队"，每支分队都是以4人为1个小组执行任务，这4人分别是急救、信号、爆破和语言方面的专家，具有很高的合成度，便于遂行工程破袭等工程特战任务。

第三章　工程特战指导原则

工程特战指导原则是工程特战特点规律的具体体现，是组织实施工程特战必须遵循的行为准则。工程特战通常以有限精干力量深入敌纵深或后方，配合主力正规作战，具有对作战全局影响大、战场环境恶劣、独立作战性强、行动分散灵活、指挥协同和保障困难等特点。深刻认识这些特点、探索和确立适合我军的工程特战原则，对于丰富工程特战理论，指导工程特战实践，夺取联合作战胜利具有重要的意义。

一、精心筹划，快速高效全面准备

（一）基本内涵

所谓精心筹划，快速高效全面准备，是指为确保工程特战顺利实施，减少损失，达成作战突然性，针对特战行动中的工程技术手段进行精心筹划，在规定的时限内，根据作战对象、目标、战场环境和可能的发展变化，立足最复杂、最困难的情况，快速、高效、全面进行的准备。

特种作战打击的目标层次高、价值大，其作战行动往往受政治、外交等因素的制约，一旦暴露企图，不仅难以按预定方案行动,甚至可能造成战役乃至战略全局上的被动。因此,为确保工程特战行动的顺利实施,在行动实施前,必须从人员挑选、装备配备、支援协同等多方面进行筹划设计。

同时,时间作为物质存在的一种形式,是物质运动变化的持续性、顺序性的表现。时间是构成工程特战的一个极其重要的客观因素,工程特战优势的取得,在很大程度上是在单位时间内发挥更大的作战效能,通过迅速的行动,在敌人做出有效反应之前达成作战目的。战机稍纵即逝,在发现战机后,必须快速果断地展开筹划准备工作,从而确保将信息优势转化为决策优势和行动优势。

(二) 主要依据

1. 工程特战关乎常规作战全局

现代战争由于武器装备的高技术性和战争目的的有限性,使作战行动爆发突然、节奏加快,一次战役甚至一个重要的作战行动,很可能就是一场战争。而围绕实现战争、战役目的所展开的特种作战行动,必将对战役乃至战略全局产生重要影响。据统计,在第二次世界大战后至今的150多场局部战争与武装冲突中,都留下了工程特战的身影。战争中,他们通过工程侦察,快速隐蔽地获取敌人的阵地编成、工事构筑和障碍设置的情报,以及特定地区的有关气象水文、地理等资料,为指挥员定下决心提供重要依据;通过潜入敌纵深指示工程目标,引导己方兵力、火力对敌方实施打击;通过破袭敌重要目标,打乱敌部署和行动,加速瓦解敌人;通过袭扰敌纵深和后方,有力配合正面战场作战;通过夺控要害目标,直接配合主力部队作战;

等等。

总体而言，工程特战目的的全局性主要表现在以下三个方面：第一，工程特战通常用于战争战役的重要方向和关键时节，完成正规作战难以完成的关键性任务，对作战全局影响大。在伊拉克战争中，开战后的前3天，美英联军在伊南部战场遭到伊军的顽强抵抗，北部的过境要求又未被土耳其同意，战场形势出乎联军战前的预料。为了迅速推动战局的发展，美英联军迅速以特种部队夺占伊北部基尔库克附近的机场，并采取有效的工程封控手段控制了周围有利地形，为后续在该地区空降数千名空降兵扫清了障碍，同时也为开辟北部战场，从战略上对巴格达形成合围之势创造了条件。这一行动对整个战争形势产生了重大影响，有力地推动了战争进程的快速发展。第二，工程特战通常针对关乎战役乃至战略全局的目标，是敌作战体系的要害和关节，其作战效果直接影响作战进程。第三，工程特战以特殊的工程技术手段，甚至通过一次行动即达成战役乃至战略全局的目的。工程特战与正规作战不同，它不是通过各个层次的作战行动逐步完成任务，最终实现战役、战争目的，而是通过发挥特种工程装备、先进工程技术优势，对关系作战全局的敌关键性、节点性目标进行破坏或摧毁，能够起到正规军事行动很难起到的作用，并极大地配合正规军事行动。从以往工程特战的实践看，影响战略、战役全局的高层次、高价值目标通常都通过特种部队来完成。

2. 工程特战力量运用相对独立

工程特战与正规作战相比，作战行动主动性大，属于非正规作战,是特种作战的一种独立行动样式或整体行动的重要组成部分,是采取灵活的战术以小制大、以少胜多,因而要求智战巧战,出奇制胜。有人形象地称特种作战是战略级决策、战役级指挥、战术级行动,因此,工程特战行动可能带来的全局性影响,决定了其作战规模、作战任务、行动时机、打击目标、协同方式、持续时间等,都需要由战役乃至更高层次的指挥员亲自确定。这也决定了工程特战的行动筹划必须作为单项筹划内容,有时甚至要作为独立的行动来进行筹划。美军作战条令规定:"特种作战要求建立灵敏的和统一的指挥与控制结构。不必要地在特种作战指挥序列中增加指挥层次会降低其灵活反应能力、危及其安全。"同时,由于工程特战行动相对独立,需要对行动的所有涉及要素进行详细的筹划,包括信息支撑、战术佯动、战场投送、火力支援、行动保障等。只有站在作战全局的高度,把握行动的特殊性,将工程特战行动本身和相关的支援保障筹划细致,并及时落到实处,才能确保工程特战行动的顺利实施。

3. 工程特战环境复杂危险

工程特战的本质特性决定了主要行动是在敌纵深实施,作战环境极其复杂,情况变化难以预测,具有很大的危险性。具体表现在以下几个方面:第一,进入战区易遭不测。工程特战遂行任务,首先必须有效进入作战地区,通常采取地面、空中或海上等多种兵力投送方式深入敌纵深或后方,在现代航天、航空、地面等各种侦察手段全方位、全时空、多层次的侦察监视下,工程特战的兵力投送行动很容易被敌方发现,遭敌方兵力火力袭击,稍有不慎就可能导致行动的失败。第二，作战环境极其险恶。从近期局部战争的实践看，工程特战正逐步由以往破坏敌交通设施为主，转变为以聚能炸药等特种器材或目标引导等手段实现对敌交通节点、通信枢纽、指挥工程等体系节点和要害目标为主的破坏瘫毁，并广泛运用信息装备和其他软硬杀伤手段，实施特种工程情报搜集、工程佯动、工程欺骗等任务。而敌方的高技术武器系统、指挥系统、后方补给系统和交通枢纽等要害目标，通常有严密保护和重兵防守。工程特战分队在敌纵深行动，既没有后方作为依托，又缺少及时的情报保障，自身的防卫手段又十分有限，在遇到计划外的突发情况时，往往难以得到及时、持续和有效的兵力、火力、装备及后勤支援保障，行动将面临巨大的风险和不确定性。第三，撤离战区十分困难。工程特战分队完成任务后，与敌脱离接触或回撤同样困难重重。现代战场不仅重视对要害目标的防卫，而且强调实施反特种作战，当重要目标遭到攻击时，防御一方往往会迅速组织兵力、火力支援，工程特战分队如不能迅即与敌脱离接触，快速组织回撤，则可能遭敌方围追堵截，陷于被动挨打甚至被敌方切断退路的危险境地。

（三）应把握的问题

1. 着眼全局，科学决策

联合作战指挥员和指挥机关筹划工程特战，必须着眼整个作战全局，在全面细致分析敌情、我情和战场情况的基础上，做出符合客观实际的综合分析判断，定下正确决心，力求使作战决策准确把握战机、精选作战目标、灵活确定战法、合理运用兵力、周密计划保障，以增大工程特战胜算把握。只有联合作战指挥员根据作战全局的需要，及时组织指挥工程特战行动，才能使其真正用于关键时刻，起到以一当十、制胜全局的作用；才能减少不必要的组织指挥环节，有效隐蔽作战企图，达成行动的快速突然性；才能使工程特战的诸多力量在统一有效的指挥下配合主力部队协调一致地打击敌人；也才能在工程特战分队深入敌后遂行远距离作战的情况下，使作战保障更具灵活性和高效率。

2. 适应变化，多案备战

为有效增强工程特战行动组织的应变性和时效性，联合作战指挥员和指挥机关在制定作战方案时，要充分考虑战场情况可能的变化，尽可能详尽地制定多套预案，以便在战场情况发生变化时，工程特战力量能根据事先制定好的预案从容地对作战行动做出调整，确保作战任务的顺利完成。

3. 突出重点，快速高效

工程特战远离主力独立作战，战前准备时间短，工作头绪多。为确保能按时完成作战准备，执行具体任务的部（分）队指挥员，应根据联合作战指挥员和指挥机关定下作战决心和作战预案，突出重点，统筹安排准备工作。对作战有重大影响的问题，要集中精力指导部（分）队加以解决，以确保全面有效完成作战准备。同时，为提高作战准备效率，指挥员及指挥机关和工程特战分队还应争取一切可以利用的时间，同步展开各项组织准备工作；有时为保证联合作战全局需要或者避免贻误战机，在进行必要准备的基础上，可边打边准备。

二、特常结合，精干专业编组力量

（一）基本内涵

所谓特常结合，精干专业编组力量，是指以特种部队为主体，充分发挥经过特种训练常规工程兵部（分）队力量的作用，注重优选专业技能优异人员，减少工程特战力量规模，吸纳地方工程专业技术人才，区分具体实施力量和技术支撑力量，相互结合编组工程特战力量。

力量是工程特战行动的主体和最基本的制胜要素，在工程特战各要素中居主体地位。毛泽东曾指出："主动是和战争力量的优势不能分离的，而被动则和战争力量的劣势分不开。战争力量的优势或劣势，是主动或被动的客观基础。"[2]工程特战力量的强弱直接关系工程特战行动主动权的争夺。投入对敌优势的力量，并充分发挥好主观能动性，就可能赢得并掌握主动。

（二）主要依据

1. 工程特战本质上从属于特种作战

特种作战要求必须使用精干、专业、富有牺牲精神的精锐力量。孙子讲："兵非益多也，惟无武进，足以并力、料敌、取人而已。"① 意思是说，用兵打仗并非兵力越多越好，只要不轻敌冒进，并集中兵力，判明敌情，就能取胜。对于工程特战而言，主要采取隐蔽突然的行动和灵活巧妙的战法，在力量上通常不刻意追求兵力和火力的数量，不需要在整体上对敌形成压倒性优势，只需要在适当的时机、

---

① 来源为《武经七书》。

适当的地点投入精巧力量，在较短时间内达到工程特战目的。在更多的情况下，由于政治上、外交上的限制，需要精确而灵活地运用武力，低调、隐蔽地投入作战并尽可能地避免造成附带毁伤等，这些都对兵力运用提出严格要求。运用小股精干工程特战力量，可以灵活地渗透，向目标运动，在目标区采取行动，退却和撤出战斗，可以用不对等的人员素质和武器装备实施不对称作战，也便于行动保密，给敌出其不意的打击。"兵非益多"就是对工程特战力量使用的基本要求，从以往的工程特战战例来看，精干专业是最普遍的用兵原则。

2. 工程特战的任务指向要求发挥工程技术优势

工程特战主要遂行一般部队正规作战无法完成或不便完成的任务，如工程特种侦察、引导打击工程目标、工程破袭等。这些任务具有很大的难度，完成起来需要有很强的专业性，要求遂行任务人员必须经过特殊训练，精通工程技术和特种工程装备操作，拥有在军事行动中执行工程特战任务的特殊能力，具有全面过硬的军政素质和英勇顽强、不怕牺牲的战斗作风。因此，必须使用经过专门训练的作战力量，首选的是为实施工程特战而组建的特种部队，在特殊情况下也可扩大到工程兵部（分）队的特殊专业和力量，有时为确保整个工程特战任务的顺利实施，甚至还应考虑其他军兵种力量和地方工程技术人员的加入，用精兵和远程技术服务，保证工程特战任务的完成。

3. 工程特战特殊战场环境决定力量编组精干专业

工程特战往往在敌占区进行，行动隐蔽性强，孤军独立作战，投送、渗透和撤出过程通常在敌人多种威胁下进行，有时还需要在敌方长期潜伏，作战过程中一旦遇到意外情况，就很难得到己方及时有效的支援。这种无依托、无友邻的特殊战场环境，使工程特战面临更多的风险和考验，也对工程特战队员提出了更高的要求。工程特战队员不仅要有过硬的身体素质，还要有超常的心理素质；不仅要有坚忍不拔的意志和勇敢献身的精神，还要有聪明灵敏的头脑和善施计谋的智慧；不仅要能战斗，还要能生存。为适应这种特殊作战环境要求，工程特战力量使用必须小而精，依靠超常战斗力的部队或人员能力素质优势，达到以一当十，甚至以一当百的目的。

（三）应把握的问题

1. 在力量统筹上，要强调保障重点

基于网络信息体系的联合作战地域具有线长、面广的特点。工程特战为配合主力作战，将广泛应用于不同作战方向和关键时节遂行不同行动，工程特战任务量大。在目前我军编制特种作战部队十分有限的情况下，如果仅仅依靠某一军种特种部队或局限于使用特种作战部队实施工程特战，势必难以满足日益频繁和复杂多样的工程特战任务需要。为此，联合作战指挥员和指挥机关在筹划工程特战力量使用时，除了要强调以特种部队为主体外，还要充分发挥经过特种训练的工程兵部（分）队专业技术力量，以及地方专业技术力量的作用，重点用兵、特常结合编组工程特战力量。把经过工程技术训练的专业化的特种作战力量尽可能集中在最主要的作战地区和作战阶段、作战时机；而把经过特种训练的常规工程兵力量主要集中在专业化特种作战力量无法分兵关照的重要作战地区和作战阶段、作战时机,或作为预备力量,应对可能突发的作战情况;把地方专业技术力量集合起来,通过远程信息通联系统,及时获取现地的影像、数据资料,提出工程特战的意见建议,发挥智囊团作用。另外,从适应工程特战分散独立作战需要出发,合理用兵,编组专业精锐的工程特战分队,使之形成最佳结构,也是提高作战效能的重要前提。

2. 在编组规模上,要强调小型精干

小型精干的作战编组,不仅利于隐蔽作战企图,而且便于实施各种作战行动。作战编组的小型化和模块化,是当今世界军事变革和部队建设的发展趋势,特别是从各国军队特种作战力量的建设情况看,虽然总体兵力规模正在不断扩大,但在实际运用时,特种部队通常都先编组成小分队或战斗小组,再分散遂行作战任务,这就为隐蔽作战企图和完成作战任务创造了条件。工程特战兵贵精不在多,工程特战力量在极其恶劣的战场环境下,深入敌后作战,大规模的兵力编组,不仅使作战机动严重受限,而且隐蔽行动也非常困难。因此,在确定兵力编组规模时,必须遵循合理够用的原则,在确保能够完成任务的前提下,应尽可能使兵力编组小型化、精干化,以确保工程特战力量隐蔽、灵活地行动。

3. 在编组结构上,要强调合成优化

工程特战任务多样、独立作战性强,工程特战力量编组,必须着眼完成任务需要,注重侦察、引导、破坏、夺控相结合,根据特种作战力量和各专业工程技术力量的作战能力和特点,扬长避短,统一调配,科学编组。以专业化特种作战力量为主体,确保能够隐蔽渗透和接近目标;

编入工程专业技术力量，能够充分查清摸透敌方战场工程设施的结构类型和材质，确保能够使用最有效的工程技术措施实现特战目的；编入信息保障人员，能够确保各级之间通联时刻畅通，及时接收上级指令，向上级报告行动进展情况等。通过专业融合，形成作战力量功能互补、结构优化的最佳组合形态，最大限度地发挥各类专业力量的整体合力。

三、审时择要，基于能力慎重实施

（一）基本内涵

所谓审时择要，基于能力慎重实施，是指以作战全局为根本，发挥工程特战行动灵活、便于隐蔽实施的特点，在敌方意想不到的时间、地点，选择对整体作战行动影响较大的重要目标和节点，运用灵活多变的工程技术手段，有效打击敌方要害，达到破坏敌方作战体系，支撑我方作战行动的目的。

击敌要害历来都是特种作战制胜的不二法则。信息化联合作战的作战双方将在宽大正面和长远纵深展开激烈体系对抗，必须充分发挥工程特战行动灵活、便于隐蔽实施的特点，选择敌方重要目标和节点并给予重点打击，不仅可以有效打乱敌方作战节奏，还可破坏敌方作战体系的完整性，致敌方陷入瘫痪的困境。从这意义上讲，择打要害是未来信息化联合作战高强度体系对抗的必然要求。另外，就工程特战力量运用的可能性来说，信息化联合作战我军工程特战力量相对有限，不适宜持久作战，也难以对所有目标都实施打击。为提高工程特战力量使用效益，工程特战必须通过系统分析，真正找准对敌具有重大影响的最关键的目标，同时坚持能正规作战完成的任务，不用特种作战，切实把"好钢用在刀刃上"，为确保工程特战击敌要害、顺利实施获得最佳的战果。

(二) 主要依据

1. 作战体系总体要求

一个完整的作战体系是由诸多作战系统共同构成的。如指挥控制系统、侦察预警系统、情报保障系统、通信保障系统、防空反导系统、后装保障系统等。在这个庞大的作战体系中，除了军政首脑和指挥机关是首要目标之外，还有许多连接和构成整体作战体系的关节和要害，诸如情报处理中心、指挥控制中心、通信枢纽、卫星地面站等，这些目标是影响战略战役全局的"要穴"，直接破坏敌人的上述目标，可使敌方"耳聋""眼瞎"和"瘫痪"，达到"点要穴"而瘫痪全局的效果，即使瘫痪不了全局，局部的瘫痪也能造成敌作战行动的极大被动。英国的利德尔·哈特是"瘫痪战"的倡导者，他在1954年版的《战略论》中指出："一个战略家的思想，应该着眼于'瘫痪'敌人，而不是如何从肉体上去消灭他们。"他说："这正如下述一种情况：两只手都麻木或瘫痪了，刀剑必然会从手掌中掉落下来。"科索沃战争初期，北约发布空袭新闻称"我们不以军营为目标，我们的目标是指挥所和通信设施"，实际上也是首先瘫痪南联盟的作战体系。近期局部战争实践表明，每次战争都没有像传统的战略轰炸那样给对方的有生力量造成重大的伤亡，但瘫痪了对方的指挥及战争运转机制，使对方无力将战争支撑下去。这充分表明了以美国为首的北约已经改变了传统的作战思路。工程特战主要是通过打击敌作战体系中的关节和要害，使敌作战体系的局部或整体陷入瘫痪而失去原有的作战功能，从而为己方创造战机、争取主动和最终夺取作战的胜利奠定基础。

2. 任务目标相距较远

在信息化联合作战中，广阔的作战空间、工程特战力量的超常本领，使工程特战力量遂行任务的领域进一步拓展。工程特战是为实现特定的战略战役目的，组建精干合成的特种作战分队，借助空中机动工具远距离机动，突然在对方的纵深目标上空"神兵天降"，对敌实施闪电式攻击。同时，武器装备的不断更新，隐形化、机动力、突击力不断增强，也为工程特战分队实施精兵远袭、垂直闪击行动提供了更广阔的运用空间。20 世纪 80 年代初，美军对格林纳达的突袭，特种部队采取精兵远袭、垂直闪击的手段取得了巨大的成功。格林纳达距美国 2000 多千米，远隔加勒比海，美军特种部队从巴巴多斯、海上和国内 3 个待运点乘机直奔格林纳达，以机降和伞降相结合的方式，突然降临在格林纳达珍珠机场和萨林斯机场，3 天内占领了格林纳达首府圣乔治，8 天结束战斗。因此，工程特战在选择任务目标、行动时机时，都应当根据自身的武器装备性能、参加行动人员能力素质，以及能够提供的系统支撑慎重确定，以确保任务的顺利完成。

3. 作战能力相对有限

工程特战分队通常是在远离后方的敌纵深孤军作战，为确保行动的隐蔽性，提高遂行任务人员的便捷性，必须在人员、武器装备和物资携运方面进行单独设计。虽然力量编成非常精干、武器装备性能优异、各类保障能够优先，但就整个作战能力而言，工程特战力量相对于正规作战力量，作战能力显得较为薄弱。其具体表现为以下三个方面：第一，人员组成精干，决定了难以组织大规模行动。虽然参加工程特战的人员，个个都是军中的精兵。例如，成立于1977年的美军"三角洲"特种部队队员的挑选和训练非常严格。最初，"三角洲"特种部队队员主要从陆军特种部队"绿色贝雷帽"中选拔。第一次参加选拔的30人中只有7人过关；第二次选拔的范围放宽至整个陆军，但招募的情况同样令人不满意，60名志愿者中只有5人被留下；第三次选拔，70人中只有14人胜出。这种高淘汰率表明"三角洲"选拔训练的苛刻和严格，保证了它能够成为最精锐的特种部队，从而使高标准和严要求这一传统一直保留下来。但由于工程特战分队通常需活动于敌后纵深，人员数量相对较少，有时仅仅是一个小组参加，因此，当遇敌反击时，很难进行有效的应对。第二，武器装备轻便，决定了难以造成较强火力。从世界各国特种作战力量的建设和发展来看，特种部队相对于常规部队来说，使用的武器装备具有独特性，通常要求其武器装备品种齐全、灵活轻便、高度精密，而且要易于隐蔽和操作。一般以手枪、步枪、冲锋枪、轻机枪、匕首等轻武器为主，还配发高级微型电台、全球定位系统接收器、防暴武器、夜视镜，以及头盔、防弹衣、防毒面具和非杀伤性武器等装备，有些国家的特种部队还装备有飞机、海上运载工具、作战车辆，以及各种侦察器材、轻便工兵器材等。这些先进的武器装备，自然使特种部队在作战中赢得了武器装备上的不对等优势。但整体而言，工程特战分队配备的武器装备以轻武器为主，当遇敌重火器攻击时，很难进行有效的还击，效果较为一般，从而导致了其战斗力下降严重。第三，携运物资有限，决定了难以保持长期供给。为确保工程特战分队行动的便捷，通常会单独配备小型多能的作业工具和高能便携的生活物资，但为确保行动的隐蔽性，这些物资主要是通过工程特战队员自行携带，即使在后期可能会通过空投等方式进行适当的补充，但数量终究有限。因为携行的武器弹药和给养有限，因此，其经不起持久消耗，这就要求在确定工程特战任务时，必须考虑到分队行动时的相关保障因素，合理确定任务量和行动时间，速战速决达成作战目的，力避与敌纠缠。

（三）应把握的问题

1. 着眼全局，选准目标

着眼全局，选准目标是指紧紧围绕联合作战目的的实现，全面了解和分析敌作战体系结构，判明其各类目标的性质及对敌我双方作战全局的影响强度，找准要害目标，力求把敌作战体系中起支撑和纽带作用的关键部位和节点作为工程特战的打击目标。

2. 关联要害，弱处开刀

关联要害，弱处开刀是指不仅要选择事关敌作战全局和维系敌作战体系运转的要害目标，还要根据敌方整体布势和具体地形条件，对预先锁定的要害目标防守强弱程度进行全面衡量，力求把敌方防守相对薄弱、疏于防范戒备的要害目标作为打击对象，以便工程特战分队在短时间内可以一击制敌。

3. 能力匹配，力所能及

能力匹配，力所能及是指目标选择在考虑作战需要的同时，还要考虑力所能及，如超出工程特战分队能力允许范围，即使目标价值再高，也要放弃，切不可无谓冒险。

四、以工为长，灵活运用战法手段

（一）基本内涵

所谓以工为长，灵活运用战法手段，是指工程特战力量注重发挥工程装备和工程技术优势，根据战场情况灵活运用"打、炸、破"等手段，采取不同战法和工程措施，出其不意，攻其不备，以小的代价换取最佳结果。

所谓战法，是指遂行作战任务的各种方法，工程特战分队为了顺利完成作战任务，通常在受领任务后，要根据任务的性质、当时战场的敌情、地形等情况，灵活确定具体的作战方法。由于工程特战分队精干多能，在确定作战方法时，与一般部队相比具有更大选择空间，更有利于完成作战任务。活用战法，以小的代价换取最佳结果，是工程特战追求的目标。信息化联合作战，工程特战分队为达成击敌要害的目的，往往在敌高技术兵器严密监视下，以有限的兵力深入敌后与敌方展开近距离的交战。要有效地规避风险，取得良好的作战效果，就更需要工程特战指挥员在任何时候，都能围绕任务的实现，审时度势，机智巧妙地与敌人周旋，灵活运用战法和手段来保持行动自由，夺取作战的主动权，为寻找捕捉战机、赢得胜利创造条件。

(二) 主要依据

1. 工程特战的任务属性

战术行动突然性和技术先进性构成了工程特战统一的整体。灵活多变的作战手段，不仅可以使敌方难以摸清己方的行动规律和企图，而且能够创造和捕捉战机，以出其不意的行动打击敌方。而技术的先进性更多地表现在使用敌方所不熟悉的特种武器装备和技术手段，使其无法采取应对措施，在局部区域和时间段内给敌方重要节点、关键环节造成重创，实现瘫体削能的毁伤效应。信息化联合作战，工程特战分队不仅可以凭借自身的侦测器材展开"非接触"工程侦察，而且可以随时召唤其他军种的作战火力，对敌战场工程目标实施大规模、高效能的远程精确打击，从而使作战效益大大提高。阿富汗战争中，地面特种部队广泛实施的引导打击行动，预示着未来工程特战行动将向更加联合的方向发展。电影《奇袭》反映的是中国志愿军第38军侦察分队在抗美援朝第二次战役中，以穿插行动进入当面之敌南朝鲜军队第7师侧后，炸毁通往敌纵深道路上的武陵桥，切断了敌军的退路，为主力部队歼灭当面之敌，赢得作战胜利创造条件的一个真实故事。这个故事也充分说明了工程特战的本质属性是通过工程技术手段实施特种作战，从而为达成战略战役目的提供重要支撑。

2. 工程装备和工程技术的不断发展

工程装备和工程技术是工程特战的基础，渗透于工程特战能力的各个要素中。以至于工程特战的任务、手段、措施、指挥和人才等要素都具有鲜明的装备和技术特色。科学技术是第一生产力，是当今世界经济发展和社会进步的首要推动力量。工程技术发展至今，形成了由军用道路专业技术、军用桥梁专业技术、渡河专业技术、地雷专业技术、爆破专业技术、破障专业技术、筑城专业技术、伪装专业技术、野战给水专业技术、工程侦察专业技术、工程建筑专业技术、工程维护专业技术、军用工程机械专业技术等构成的实体技术群，尤其是地雷、爆破和破障专业技术的迅猛发展，为工程特战行动提供了技术保证，为工程特战战法创新提供了支撑。随着高新技术的不断发展及其在战争领域的广泛运用，现代战争的非传统性表现得越来越突出，人员和技术对抗的领域越来越广大，在很多条件下单靠人力作业难以发挥作用。因此，工程装备的建设发展更满足特种情况下的作战。如遥控作业机械可以在水下特种爆破中代替人员作业，避免作业人员无畏的牺牲；精确破袭工程器材能够对一些战略、战役性机动设施，如机场、港口、码头，在不能使用远程精确打击的情况下，提供进行一些局部性精准破坏的支撑。工程装备和工程技术发展直接影响工程特战的对象、手段和方式，进而影响工程特战力量、工程特战体制及工程特战理论的创新和发展。应积极把握工程装备和工程技术发展，充分发挥工程装备和工程技术的支撑作用，灵活运用工程装备和工程技术，创新工程特战战法，不断提升工程特战能力和效能。

3. 战场情况的瞬息万变

一个高明的剑客，在拥有一把利剑的同时，通常还会练就一套灵活善变的剑法，这样才能真正保证运剑自如，所向披靡。战略、战役指挥员在使用工程特战分队这把利剑时，同样会运用灵活多变的战法手段，使之与作战任务相适应，所以人们在对特种部队的颂美声中，除了佩服特种作战队员的超常本领之外，更多的是对它使用灵活多变战法的赞叹。战争充满迷雾，工程特战分队要适应复杂的战场环境必须运用灵活的战法手段。在马岛战争中，英军特种部队始终面临着气候变化快、任务转换急、敌情不确定等因素。针对复杂多变的情况，英军特种作战行动表现得灵活多样。突出表现在两个方面：一是战斗编组具有很大的灵活性。无论是实施特种侦察，还是进行破袭行动，战斗小组通常为4～6人，有时达10～15人，在执行任务中还可根据情况临时调整，始终保持编组的精干灵活。二是作战方式具有一定的灵活性。作战行动多以分散为主，根据任务需要，也可临时适当集中力量，完成任务后再迅速分散。作战行动中侦察与破袭结合，行动任务高效合成，使对方不易应付。一般攻击行动即使能攻下的目标也多用突然袭击的方式；对无力夺取的目标，则采取监视、袭扰等办法加以牵制，配合主力行动。采取灵活多变的战法手段，不仅可以使敌人难以摸清己方的行动规律和企图，而且能够创造和捕捉战机，以出其不意的行动打击敌人，实现工程特战目的。

（三）应把握的问题

1. 着眼避免与敌正面对抗，灵打巧战

要充分利用敌部署的薄弱环节和有利地形，灵活采取秘密渗透、游动破袭、声东击西、广泛机动、多路逼近等战法，使工程特战行动行无常径、驻无常址、忽分忽合、快打快收，让敌方在无法准确掌握企图和行踪时，给敌方致命一击。

2. 着眼增大打击的突然性，以奇用兵

工程特战指挥员要针对完成不同任务的具体情况，最大限度发挥特种作战攻击方法手段具有的选择性优势，注重特殊手段与常规手段相结合，兵力破、炸药炸、引导打、设障封相结合，软杀伤和硬摧毁相结合，以反常思维设计战法，力求做到奇正结合、不拘一格、超常用法。

3. 着眼适应战场情况的变化，以变制敌

作战中，工程特战指挥员要密切关注战场变化，一旦发生重大变故，就要及时调整和变换战法手段，以确保任务的顺利完成。当我方的企图暴露后，要果断变奇袭为强攻，力求在敌主力尚未到达前完成任务，切忌与敌对峙或纠缠，陷入无法抽身的被动境地。

五、密切协调，统筹实施支援保障

(一) 基本内涵

所谓密切协调，统筹实施支援保障，是指将工程特战与整体作战行动融为一体，围绕达成总体作战目的和工程特战目标，对所有参战力量在时间、空间、行动等方面进行统一部署，形成整体合力；在行动全过程，提供可靠的情报支援、及时的火力支援、稳定的通信保障、准确的气象水文保障、快速的机动保障、高效的后勤保障、便捷的装备保障，以支撑工程特战行动的顺利实施。

保障是为顺利遂行特种作战任务而采取的各项措施与相应活动。可以说，没有保障就没有工程特战，保障不力也不大可能取得工程特战的胜利。由于工程特战本身是一种补充性的非正规作战，只有与正规作战主动配合、密切协调，才能使工程特战与其他作战行动目的一致、行动一致，形成正规战与非正规战、前方作战与后方作战的整体合力。同时，由于工程特战任务特殊、行动环境险恶、活动范围广阔，为确保作战任务圆满完成，必须采取计划保障与临机保障、集中保障与分散保障、定点保障与伴随保障、按级保障与越级保障等多种保障方式，对工程特战行动实施重点支援、优先超强保障，有效解决工程特战分队"进得去、干得了、出得来"等问题，特别是要及时向深入敌纵深的工程特战分队提供情报、通信、电磁、火力、气象、武器装备、物资器材等方面的支援和保障。

(二) 主要依据

1. 工程特战具有明显的联合性

联合作战背景下的工程特战无论规模大小均是联合作战的组成部分，工程特战必须在联合战役的统一规划下行动。通常，联合战役指挥员通过其指挥机构或委托特种作战部队指挥员按照作战部署，协调工程特战与其他军兵种的行动，以达成特种作战目的。部分工程特战，如直接破袭、特殊目标封控等，本身就是小规模的联合行动，完成类似的任务，需要两个及以上军种的特种作战力量或其他专业技术力量混合编组，组成最适合的工程特战分队。在工程特战行动过程中，既有直接行动兵力，又有支援保障兵力，特别是从空中楔入敌纵深，机动距离远，目标比较大，很容易暴露行动企图，甚至造成行动的失败。因此，参加行动的兵力必须密切配合搞好协同。如电子战分队首先对敌警戒雷达、无线电信道、导航、制导系统等实施电磁干扰和电子欺骗，在一定的时间和空间内形成局部制电磁权优势；行动分队搭乘的直升机和运输机必须有航空兵掩护，或利用不良天候，采取低空飞行，隐蔽突然地越过敌人的防线，在目标区直接机降或伞降；必要时可在目标区提前派出特种作战队员或侦察人员进行终点导航；着陆瞬间空地应同时突击，首先解除敌警戒，特别是在执行工程破袭任务时，要迅速解除对行动威胁最大的警卫目标；战斗一旦打响，担任警戒和掩护任务的机组就应从空中重点突击敌警戒分队和增援部队，并在任务完成后立即搭乘直升机或利用其他方式撤离。

2. 工程特战支援保障复杂

工程特战支援保障是为达成工程特战目的，围绕作战全过程实施的一系列支援和保障行动。对于未来信息化联合作战，工程特战行动将成为其拉开战争帷幕的序曲，或成为达到作战目的的关键环节，相关作战行动将在地面、海上、空中、太空、电磁、网络和心理等各个领域同时展开，虽然工程特战直接参与实施的人员较少，但由于支援保障涉及面广，隐蔽防护难度加大，时间要求紧迫，因此，需要实施统一的筹划。例如，1969年以色列特种部队突袭埃及苏伊士湾拉斯加里卜港的雷达站，利用雷达专用工具，将7吨重的雷达拆卸并劫走，就有物资器材、运输工具等全方位的支援保障。

3. 我军整体实力的提升

保障要素主要包括特种作战的作战保障、后勤保障与装备保障。随着新一轮国防和军队调整改革的不断深入，战略支援部队、情报信息旅等战略战役力量支援保障能力得到全面提升，我军作战体系逐渐完善。加之近年来武器装备的不断发展，全军各军兵种正逐步实现构建以三代装备为主的力量体系，信息通联的时效、火力打击的范围、战场投送的距离都发生了根本性的改变，并且传统的投送、火力支援、后勤装备保障等能力有了显著提升，在情报信息、电磁等领域的支援保障能力也不断拓展，能够为工程特战行动提供全方位、全时空的支援保障，工程特战分队无论是进入、行动、撤离，还是生存、信息获取、工程作业，都将会得到其他军兵种有力的支援。

（三）应把握的问题

1. 特事特办，从急优先进行保障

未来作战，工程特战分队通常是在紧急情况下临危受命，需要快速组织实施。为此，联合作战指挥员和指挥机关在组织支援保障时，应针对工程特战的特殊任务，在情报、通信、机动、电磁、火力、气象、水文和特种装备方面为其提供特供、优先的支援保障。必要时，还可向上申请，动用国家战略资源对其进行情报、政治、外交方面的配合和保障。

2. 首次为重，强化自我战中保障

由于工程特战分队在行动时大多深入敌后独立作战，因此战前必须充分准备。联合作战指挥员和指挥机关要高度重视对工程特战力量的首次保障，尽量避免作战实施后再组织应急支援保障。

3. 以上为主，上下结合灵活保障

工程特战特殊的任务和作用，决定了其支援保障必须依靠高层次的战役单位，相对较低层次的战术单位通常难以满足其作战需求。但考虑到其作战地区复杂恶劣的战场环境，以及随时可能出现的突发情况，一旦作战中无法得到上级的有效支援保障，就需要较低层次的战术单位予以必要的配合和支援。为此，联合作战指挥员和指挥机关在筹划组织特种作战支援保障时，不仅要统筹战役力量进行支援保障，还要充分运用战术力量予以必要的补充，以提高工程特战分队在复杂恶劣战场中的应变能力。

第四章　工程特战技术手段与力量构成

工程特战技术手段与力量是达到作战目的的物质基础。与一般作战行动相比，工程特战行动对技术手段依赖性更强，力量构成更加复杂，且对能力需求更加多样，要求工程特战部（分）队必须高度关注工程特战技术手段的发展变化，并通过实战化演训活动锻造和提升工程特战所需的多种能力。

一、工程特战主要技术手段

随着科学技术的迅猛发展，特种作战在参与军事行动中的技术含量也在不断提高，其作战领域、特战手段等影响作战的主要因素都在不断拓展进步。近期，局部战争表明，特种部队在被广泛运用的同时，特种技术力量在特种作战中也正发挥着越来越重要的作用。其中，工程特战作为特种作战的重要组成部分，其特种工程技术手段的运用在特战行动中起着至关重要的作用。

（一）工程侦察技术

工程侦察是为获取有关工程保障信息、资料所采取的手段，是工程兵遂行工程保障的主要任务之一。随着武器装备技术的不断发展进步，工程侦察的范围更加广阔，任务更加多样，获取情报的时效性和准确性要求也更高。随着工程侦察技术手段在特种作战行动中的广泛应用，特种工程侦察技术取得了很大的进步，建立了从工程侦察信息获取、侦察信息处理到侦察情报应用的基本体系。

获取侦察信息时，可利用电子勘测、激光扫描、光学摄录等技术手段实现对地形地貌、道路桥梁、河流渡口等工程设施和战场环境的勘测；也可通过光学、电磁感应等技术手段实现对爆炸性障碍物的侦察，通过脉冲探测技术、声波探测技术等实现对作业地域工程地质和水文信息的获取；还可通过大地电磁探测技术、时域和频域激发极化探测技术、直流电法探测技术实现对地下水源和地表水源位置、储量、水质等信息的获取。处理侦察信息时，可借助信息处理系统，按照从原始侦察信息的标准化处理、多源侦察信息的初步融合到工程侦察信息综合处理的步骤实施。在侦察信息应用时，通过借助工程保障行动指挥系统建立的工程侦察情报交互体系，实现为制订工程保障计划、遂行工程保障任务提供情报支持。

(二) 精确爆破技术

工程爆破技术手段是我军在作战行动中为加速己方工程作业、完成工程保障任务或破坏敌方军事目标、杀伤敌方有生力量而采取的重要手段之一。随着科技进步与发展，精确爆破技术越来越多地应用于作战行动中，特别是在特种作战行动中，精确爆破发挥着不可替代的重要作用。常用的精确爆破技术主要包括定向爆破、微差爆破、聚能爆破等。

定向爆破是指使爆破后土石方碎块按预定的方向飞散、抛掷和堆积，其关键在于准确地控制爆破的范围和方向，经常运用于城市特种作战行动；微差爆破是通过精确控制起爆次序和时差从而达到减少爆破后出现大块率、减少地震波、降低冲击波的强度的目的，这种精确爆破手段经常用于密闭环境下或城市作战行动中；聚能爆破是利用炸药爆炸能量按照物理学的聚焦原理聚集在某一点或线上，从而在局部产生超过常规爆破的能量，达到击穿或切断目标的效果，这种精确爆破手段通常运用于对重要目标或特殊目标的特种破袭行动中。

（三）搜排爆炸物技术

多年来，恐怖分子以各种危害性活动活跃于世界各地，其中爆炸性破坏呈现增多趋势，搜排爆炸物也逐渐成为工程特战行动中的重要任务之一。随着爆炸物探测技术的发展，常用的探测技术主要有人工探测、搜索犬探测、光谱探测、生物传感器探测、化学传感器探测。光谱探测是指利用不同爆炸物具有不同波谱的特性，通过将标准曲线与实际探测中的判读曲线进行比较，从而实现探测和识别爆炸物的手段；生物传感器探测是指基于自然生物体或生物分子识别体与待测爆炸物接触时产生的光、热、色彩或者化学变化等，通过换能器作用将变化量转化为能够测量的电信号的测量方法；化学传感器探测是指利用爆炸物对各种化学物质敏感的特性，将化学物质浓度转换为电信号进行检测的手段。由于爆炸物的种类越来越多，同时检测手段也在不断进步，科技含量越来越高，排除的难度也越来越大，传统的排爆器材手段已无法满足特种作战需要。目前，装备部队的排爆装备主要有排爆机器人、排爆车、机械手、频率干扰器、遥控手套、防爆毯、防爆围栏等，大幅提高了排爆水平。

（四）特种布设雷技术

特种布设雷是指采取特殊手段和方法实施布设地雷（场）的行动。战争实践表明，地雷无论是在一般作战行动中还是特种作战行动中都是一种行之有效的爆炸性武器。既可以限制敌人机动能力，也可以直接杀伤敌人有生力量和装备。特别是在特战行动中，特种布设雷已经由单纯的防御性武器发展成为具有一定攻击性的武器。目前，主要的特种布设雷手段有人工布雷、机械布雷、火箭布雷、火炮布雷、飞机布雷、抛洒器布雷等。

（五）工程伪装技术

伪装是为隐蔽自己和欺骗、迷惑敌人所采取的各种隐真示假措施。工程伪装技术则是通过工程手段达成隐真示假目的的重要技术手段。信息化联合作战、侦察和反侦察、欺骗和反欺骗成为决定战争胜负的重要因素，而在特种作战行动中，经常采用工程伪装技术达成欺骗作战对手的目的。常用的工程伪装技术手段主要有天然伪装、植物伪装、迷彩伪装、遮障伪装、变形伪装、干扰遮障、烟幕伪装、假目标伪装、灯火伪装、音响伪装等。

天然伪装是指利用地形、夜暗、天候（雾、雨、雪、风）等条件实施的伪装；植物伪装是指用种植、采集植物和改变植物颜色对目标实施的伪装；迷彩伪装是指用涂料、颜料和其他材料改变目标和背景的颜色、图案所实施的伪装；遮障伪装是指利用人工构筑、设置的遮蔽物实施的伪装；烟幕伪装是指通过施放烟雾遮蔽目标和迷惑、诱惑敌人所实施的伪装；假目标伪装是指为欺骗敌人，模拟目标暴露征候所实施的伪装；灯火伪装是指在夜间消除、降低和模拟目标的发光暴露征候，为隐蔽目标和迷惑敌人实施的伪装；音响伪装是消除、降低、压制或模拟目标的声音暴露征候，为隐蔽目标或迷惑敌人实施的伪装。在工程特战行动中，特战队员需针对敌方的侦察技术手段和我方行动暴露征候等因素，灵活综合运用伪装技术手段达成作战目的。

二、工程特战主要力量构成

力量是作战行动的主体和最基本的致胜要素，在特种作战各要素中居主体地位。工程特战力量，是指以工程技术手段遂行特种作战任务的主体。工程特战力量的组成要素、能力要求和行动编组等问题，是研究工程特战力量运用的重点，也是探讨未来工程特战战法创新的前提和基础。

（一）工程特战力量能力需求

为遂行特种作战任务，工程特战力量必须具备超越常规作战力量的能力。毛泽东曾指出："主动是和战争力量的优势不能分离的，而被动则和战争力量的劣势分不开，战争力量的优势或劣势是取得战争主动或被动的客观基础。"[2]工程特战力量的能力需求必然与其他特种作战力量有所不同，且遂行特种作战能力要高于其他工程兵作战力量。当今世界上主要军事强国对特种作战力量的能力要求主要集中体现在指挥、情报、机动、火力、防护等方面。例如，美军在《美国陆军特种作战部队2022》中提出其特种作战部队的必需能力中包括任务式指挥能力、情报获取和共享能力、调遣和机动能力、火力打击能力、防护能力、维持和接触能力等。工程特战力量是我军特种作战力量的重要组成部分，其能力需求既要与特种作战力量基本能力需求相匹配，又要具备特有的优势特种作战能力。因此，工程特战力量应具备以下特种能力。

1. 指挥控制能力

特种作战指挥具有指挥主体层次高、集中指挥跨度大、组织协同难度大、指挥方式运用活、指挥保障任务重等特点，要求工程特战力量必须具备精确的指挥控制能力，确保指挥活动顺畅高效。一是建立高效指挥体系，立足全局统一指挥。组织遂行工程特战任务，通常应当根据上级指示、作战全局的需要、特种作战任务、基本作战行动、兵力编成和编组以及指挥信息系统的保障能力，按照统一指挥、简明层次、便于协同和保障的要求，建立特种作战指挥体系。特种作战力量的指挥体系通常呈现"短、平、快"的特点，其指挥层级较高，指挥跨度较大，信息传递较快。工程特战力量作为特种作战力量中的一支专业力量，在遂行工程特战任务时，应当适应特种作战指挥特点，实施集中统一的指挥，根据全局需要，统一谋划特种作战力量的使用时机、使用规模、使用强度，统一分配和使用各种作战资源。二是准确把握行动重心，坚定不移果敢指挥。把握重心是特种作战指挥的基本要求。特种作战力量的使用不同于常规作战，通常是运用于对作战全局产生重要影响的关键环节，因此，指挥员在指挥过程中，要从全局利益出发，着眼于战略利益最大化、对敌造成最大危害、消除

第四章 工程特战技术手段与力量构成

己方的最大不利因素等方面考虑，从主要作战目标的实现、敌我双方对抗和争夺焦点等事项中把握工程特战任务的重心。同时，特种作战强调精确、技巧和勇气。这就要求工程特战指挥员不论面临多么艰难困苦的局面，都要围绕作战重心，处变不惊、临危不乱、敢冒风险、及时果断地做出决策；只要情况没发生根本变化，就要坚定不移地指挥部队完成任务，实现预期目标。三是优化指挥程序，提升指挥效率。特种作战指挥强调先敌一步，快敌一筹，以指挥活动快，带动部队行动快和遂行任务快。为此，工程特战行动指挥要采取超常措施，打破固有指挥程式，抓大放小，抓重点放一般，对敌情已经基本明确、作战企图已定的行动，要快速计划组织，有的可以边展开、边计划、边组织。要抓住特种作战的主要目标、作战有利条件与不利因素、行动的最好时间窗口等关键因素，精心筹划，快速决策。要简化上传下达的内容，优化指挥作业程序，减少报文数量，尽可能地压缩指挥活动占用的时间，把更多的时间留给部队进行作战准备和实施作战行动。要始终牢牢把握特种作战目的和上级意图，准确理解和把握其精神实质，并据此灵活处置各种情况，不能因层层报告、请示而贻误战机。当条件许可时，指挥员要到达一线，在第一时间掌握和处置情况，以便快速高效地指挥活动，取得特种作战的胜利。

2. 特种生存能力

特种作战通常在敌纵深和后方进行，作战环境生疏，情况变化多端，难以预料险情多样，这些特点都导致特种作战具有极高的危险性。工程特战力量在遂行工程特战任务时，面临的战场生存威胁将远大于常规作战力量，这就要求工程特战力量具备较强的战场特种生存能力。一是具备敏锐的反侦察能力。工程特战力量在遂行工程特战任务时，不同于传统作战力量，其非对称作战特点明显，经常需要长时间生存于敌监视和火力威胁下。例如，实施工程侦察时，为实现长期对工程目标实施侦察和工程信息测量，需要长时间乔装隐身在目标附近；实施工程破袭时，可能通过多次秘密布设爆破装置从而达成破袭意图。工程特战队员必须具有敏锐的反侦察意识和能力，从而确保自身的生存安全和任务的圆满完成。二是具备超强的自给保障能力。大多工程特战力量在遂行任务时，对进入地区的情况知之甚少，加上对地理环境不熟，在进入敌纵深时，会受到多种因素的影响。在很多情况下，工程特战力量要依赖自给保障。自给保障是指在得不到外界保障与支援的情况下，依靠自身的力量，通过取之于敌、取之于民和取之于自然的方法，获得作战行动中所需的各种保障。这种自给保障主要体现在工程特战力量在遂行敌后侦察作战、破袭等行动中，工程特战分队所携带的给养、器材、弹药有限，且难以得到支援，因此，必须具备较强的自给保障能力。

3. 工程破袭能力

工程破袭是指特种工程作战力量以工程技术手段对敌重要目标和要害部位实施突然袭击和破坏的作战行动。工程破袭通常是对敌方重要的工程设施，如指挥所、雷达站、通信节点、机场、港口、导弹发射阵地等具有较大战争潜力的目标实施工程破袭，具有行动节奏快、手段多、风险大等特点，要求工程特战力量应当具备较强的特种破袭能力。一是精准确定破袭节点能力。工程特战力量要在多途径获取工程破袭目标情报资料的基础上，充分摸清敌作战目标内部各节点之间的联系，通过定量计算、模拟仿真等方法与手段筛选对作战目标最具影响力的节点，细致分析各节点破袭的可行性，最终排序确定优先破袭目标节点，提高破袭成功概率，达到事半功倍的效果。二是灵活运用破袭方法与手段的能力。工程破袭力量在破袭行动中，要根据破袭目标的敌情、地形等情况，针对破袭分队孤军深入、小群作战、机动灵活的特点，具备运用隐蔽渗透、秘密奇袭，穿插迂回、敌后强袭，突然着陆、空降突袭，空地配合、立体袭击，快速直插、远程奔袭等方法，采取打、炸、烧、毁、击等手段的能力，确保破袭目标得以成功破袭。三是精确作战保障能力。破袭行动敌情顾虑大、影响因素多，精确作战保障能力要求高，要有效组织力量采取各种手段获取精确工程情报，查明破袭目标的详细情况，针对破袭行动可能出现的情况做好预想预防工作；要做好装备技术保障，充分运用和发挥各种装备器材的特点和优势，如多用途直升机、先进的夜视器材、精确的定位器材、远程保密通信器材等，确保破袭目的的达成。

4. 特种侦察能力

特种侦察是指特种作战力量使用先进侦察装备和手段，对敌实施侦察和监视，以及获取特定地区气象水文或地理特征等资料的行动。工程特战力量是实施特种侦察的重要力量之一，主要担负对敌方重要工程目标和特定地区工程信息实施侦察的任务，具有侦察范围广、技术含量高、侦察手段多等特点。因此，要求工程特战力量应当具备较强的特种侦察能力。一是秘密渗透抵近侦察能力。抵近侦察，是指特种部队通过从空中、地面和海上渗透等方式，隐蔽进入预定侦察地域，通过目视观察和利用器材侦察，对敌进行直接的、近距离的观察监视，掌握侦察对象情况的方法。对于敌纵深内的重要工程设施，通常可以依靠空中侦察、卫星侦察等手段获取坐标信息等，但对工程设施的具体精确信息则需要工程特战力量秘密渗透抵近侦察，获取详细准确信息。例如，1995年波黑战争中，北约在实施空中打击前，通过美国和法国的卫星已经掌握了大量塞尔维亚族军事目标的位置，但对经过严密伪装的工程目标掌握不够全面和准确。为此，北约秘密派出特种部队，渗透到塞军后方，对重点工程目标实施抵近侦察，获取并核实大量详细工程情报，为空军实施精确打击创造了条件。二是多维空间机动侦察能力。机动侦察，是指运用特种部队所装备的机动侦察装备、器材，或通过侦察部队的战场机动，对敌实施侦察的方法。机动侦察具有侦察距离远、侦察范围大、时效性强等特点。在信息化局部战争中，工程特战力量需具备对多维空间实施机动侦察的能力，通过使用特种浮空器、无人侦察机、水下探测器等一批现代化、信息化侦察平台，使工程特战侦察力量由地面向空中和水下延伸，提高工程侦察能力，以适应多维度、快节奏的未来战场需要。

5. 特种机动能力

特种作战往往是在战斗发起前和战斗间隙被投入敌后实施特种作战任务，工程特战力量通常担负在敌后和纵深实施工程破袭、特种侦察等任务，如何快速隐蔽地潜入任务区和灵活安全地撤离危险地带,成为工程特战力量遂行工程特战任务的基本作战能力和关键影响因素,这就要求工程特战力量应当具备较强的特种机动能力。一是具备顽强的渗透超越能力。秘密潜入敌后遂行各类特种侦察、工程破袭等作战任务是工程特战力量的主要任务,而投入的方式已成为特种作战的关键环节。工程特战队员在渗透潜入敌后方和纵深时需具备多种渗透方式和能力。海上可以使用冲锋舟和泅渡、"蛙人"等方式;陆地可以搭乘侦察车辆或用越野、高山攀登等方法;空中潜入可以用直升机或运输机投送或实施伞降、滑翔等;而入室行动则有屋顶绳降、枪击破门、爆破取口等形式。二是具备灵活的安全撤离能力。工程特战力量在遂行任务时,通常呈小型化编组,兵力规模较小,火力强度也受到极大限制,且工程特战分队通常担负对敌重要目标实施工程破袭或深入敌纵深对重要工程目标实施侦察等任务,工程特战力量在完成任务后极易引起作战对手的警觉和注意,撤离的危险性大幅增加。因此,工程特战力量应当具备迅速安全多手段撤离的能力,确保能够保持有生力量,减少损失。

(二) 工程特战主要力量

工程特战力量是特种作战力量中专业技术特点突出的一支重要力量,其力量构成与一般特种作战力量有较大不同。一般特种作战力量主要集中于特种作战部(分)队,而工程特战力量则由具有以工程技术手段遂行特战任务能力的特种作战部队和临时赋予特种作战任务的工程兵部(分)队,以及其他临时受领工程特战任务的部(分)队等构成。

1. 特种作战部（分）队

特种作战部（分）队是指具有特殊能力、遂行特殊任务的部（分）队。目前，世界范围内很多国家都建有特种作战力量并冠以特殊代号，如英军的"哥曼德""红色恶魔""沙漠鼠"，美军的"绿色贝雷帽""海豹"突击队、"德尔塔""三角洲"，俄军的"超级黑兵""袭击者""猎手"，法军的"龙骑兵"，印度的"黑猫"等都是世界有较大影响力的特种作战部队。我军也建有特种作战部队，特别是在2017年国防和军队体制编制调整改革后，每个集团军均辖有特战旅，主要担负特种侦察、引导打击、攻坚破袭、夺控目标、营救行动、袭扰作战、搜捕围剿、网络破坏、心理攻击和反恐行动等10余项特种作战任务。其中，部分任务需要借助工程技术手段达成作战目的，如特种侦察、工程破袭等。我们将这部分任务也称为工程特战任务，将遂行工程特战任务的力量称为工程特战力量。

这部分工程特战力量分布于全军各特种作战部（分）队中，其在遂行工程特战任务时，具有特战能力强但工程技术手段不够突出的特点，通常遂行敌情威胁较大、战场环境复杂，但工程技术手段运用要求不高的工程特战任务。

2. 工程兵部（分）队

工程兵部（分）队是我军遂行工程保障、工程特战、工程对抗和工程支援任务的一支重要作战力量。近年来，全军高度重视工程兵的建设和发展，工程兵部（分）队已由传统单一的保障兵种向战保一体综合作战力量转变。其担负的任务也由传统的机动工程保障、生存工程保障和反敌机动工程保障向工程保障、工程特战、工程对抗、工程支援转变。体系重塑型改造更加凸显未来工程兵部（分）队的战斗属性，也预示着工程兵部（分）队将在未来更加复杂多变的战场中承担更多更难的作战任务，例如，深入敌后对重点目标实施工程破袭，在敌纵深内对重点工程目标和战场环境实施工程侦察等。

这部分工程特战力量主要分布于全军各工程防化旅、工兵旅、合成旅工兵连和工兵排中。其在遂行工程特战任务时，相比于特种作战部队，战场生存能力、机动能力和打击能力相对较弱，但具有工程技术手段优势较为明显，工程装备种类齐全、功能多样等优势。其通常遂行战场生存威胁较小、对工程技术手段要求较高的工程特战任务。

3. 其他临时受领工程特战任务部（分）队或地方工程技术人员

其他临时受领工程特战任务部（分）队，是指因任务需要，特种作战力量和工程兵专业力量因客观原因难以担负工程特战任务时，临时担负工程特战任务的常规作战部队、战略支援部队、武警、预备役等作战力量，这部分作战力量也是工程特战力量的重要组成之一。这部分作战力量遍布全军各作战部队，其特点是分布广，基数大，但相比于特种作战力量和工程兵部（分）队，其遂行特战任务的能力和运用工程技术手段的能力相对较弱。通常遂行时间较为紧迫但工程技术手段要求不高的工程特战任务。

地方工程技术人员是指具有强烈爱国情怀，具备工程专业技术特长的地方工作人员。这部分力量虽然在战场意识、战术素养等方面与现役军人存在较大差距，但其工程技术专业优势极为突出，在遂行工程特战任务时，不适合独立承担特战任务，但可灵活恰当地编入工程特战分队中，是工程特战力量的重要补充，可以充分发挥其专业特长优势，准确测量工程目标详细数据信息，科学运用工程技术手段，从技术上可提高工程特战力量的作战效能。尤其是在破袭大型桥梁、特种建筑物时，更需要地方专业工程技术人员，特别是组织或参与过该大型桥梁、特种建筑物设计、施工、验收等工作的工程技术人员的支援。

第五章 工程特战组织实施

工程特战是采取工程措施针对敌作战体系中的关键和要害目标进行的工程作战行动。工程特战的组织实施是工程特战行动的组织筹划和协调控制的全过程，是执行工程特战任务的部（分）队能否顺利达成预定作战目的的关键。根据工程特战组织实施的阶段划分和行动进程，区分为工程特战行动的准备、工程特战行动的实施和工程特战部队的撤离。每个阶段和进程都是工程特战行动有机组成部分，是构成工程特战行动必不可少的重要环节，其前后紧密联系，不可分割，决定工程特战行动的效果和结局。有计划、有节奏地实施工程特战行动，是达成工程特战作战目的的根本途径。

一、工程特战行动准备

组织以工程措施和手段实施特战行动，是特种作战的主要方式，是毁瘫破坏敌作战体系重要节点的有效手段，是联合作战的重要组成部分。工程特战行动，能以小的代价换取大的胜利，有效配合主力部队的作战行动，但渗入敌后的特种部队远离我方作战纵深，生存和保障条件受限。

因此，必须精心进行行动的组织准备，要在"精、准、细、实"上下功夫，以确保能可靠、有效地指挥工程特战行动的实施，使行动达成预定的效果。因此，在组织准备时，应充分领会上级意图，立足最困难情况，严密组织计划，以确保指挥员科学合理定下作战决心。

（一）多方式手段获取情报资料

获取情报信息是组织筹划的前提和基础。不准确掌握战场情况，定决心、做计划、搞协同等行动准备工作就无从谈起。工程特战行动的成功依赖其突然性和快捷性。作为使用特定措施手段实施的特种作战，工程特战行动通常用于主要作战方向、关键作战时节和重要作战地点，具有作战环境险恶、作战力量有限、时效性极强的特点。加上信息化联合作战的战场情况复杂多变、不确定因素增多，工程特战行动对指挥活动要求高，要求必须全面准确掌握情报信息，并在行动中不断获知最新情况，这样才能做出正确决策和部署并及时做出相应的调整，才能做到以"信息流"主导和牵引作战行动，使执行工程特战任务的部（分）队具备对敌拥有绝对的"信息优势"，从而实现隐蔽作战企图，快速突然、出其不意，速战速决达成行动目的。

1. 获取情报信息的内容

信息化联合作战中，部队执行工程特战行动将得到上级的信息情报保障和支援。因此，行动中要充分利用获取情报信息的多种方式和手段，全面准确翔实地搜集获取行动地域、行动目标以及与特战行动相关的各种情况。其主要包括敌情、我情、地形、气象和水文、社情、电磁环境等。敌情主要包括行动目标的性质、位置和敌兵力部署情况，预定行动路线上的敌兵力、兵器的配置位置等；我情主要包括上级意图、本级任务及可能得到的支援和加强，所属和配属部队的编制装备、军政素质、作战特长，各类保障及其准备的程度，友邻的位置、任务及与其协同的行动等；地形主要包括作战地区地形特点、行动地域及行动目标周围的地形；气象和水文主要是行动地域气象水文特点和变化规律，包括日出和日落的时间、气温、湿度、风向、风力、云雪雾和水源条件，以及在预定作战时间内可能的变化等；社情主要包括作战地区的社会政治状况、群众条件和军民的民族成分、语言、风俗习惯，医疗、军需、维修能力和交通、通信条件，油料、物资器材储备等；电磁环境主要包括作战地区内电磁设备的种类、数量、辐射强度等。

2. 获取情报信息的方式

在执行工程特战任务时，一方面，指挥员要充分利用联合作战的诸军兵种大量先进的侦察、监视、预警等信息技术装备和平台，组成大范围、立体化、多手段的情报信息获取网络，全维全域全时地获取与行动相关联的情报信息。信息化联合作战参战力量多元，获取情报资料的力量多元，将从多个维度、多个方向、多个角度获取各类情报资料，工程特战指挥员需要广猎情报资料，特别是搜集获取与行动地域和行动目标相关的资料信息。如对目标的情报信息获取不够充分，或对一些情报资料难以把握，指挥员则应向上级提出申请，调用恰当力量，运用合适手段对情报信息进行针对性补充。另一方面，指挥员要充分利用地方各种资料和技术手段获取情报信息。工程特战行动是以工程措施这一特殊手段,以工程目标为主要作战对象的特战行动,因此,在行动中需要大量准确的与工程目标和工程技术措施相关的情报资料。在行动前,工程特战的指挥员应根据行动的需要,从地方部门和民间力量中获取重要工程目标的建设设计、使用维护等信息资料。有时,为顺利利用简单有效的工程措施达成最佳的行动效果,可能还需要相应地方技术人员的技术资料和技术支撑。

3. 获取情报信息应把握的问题

工程特战行动指挥员在获取情报信息时,要准确把握以下两个方面的问题:一方面,要全面获取情报信息。遂行工程特战任务行动,指挥员必须全过程、全时段、全要素地掌握敌我情况,从而在进行行动力量编组、行动时机选择、行动方法运用、行动路线确定等方面都能得到可靠、全面的情报支撑,能够有效应对行动过程中可能出现的各种突发情况。毛泽东曾指出:"如果计划和情况不符合,或者不完全符合,就必须依照新的认识,构成新的判断,定下新的决心,把已定计划加以改变,使之适合于新的情况。"[3]工程特战行动指挥员在行动中也必须不间断地获取战场情况,根据战场新的情况,部分地改变既定行动计划和方案,把行动导向胜利。另一方面,要细致掌握情报信息。天下大事,必作于细。工程特战行动作为体系破击的重要一环,行动规模虽小,但意义重大,直接参与力量虽小但涉及范围极大,加之行动通常深入敌纵深或核心,一着不慎将招致满盘皆输,因此必须深入细致掌握敌我双方情况,特别是对一些事关行动成败的细节性情报更要深度掌握,不可在"可能""大概"或"差不多"的情况下贸然行动，否则就可能导致行动失败。

（二）综合分析研判各类情况信息

特种作战与其他作战相比，政治敏感性强，目的层次性高，在获取信息资料的基础上，只有合理地利用所获取的信息，科学分析、准确把握其对行动的影响，才能有效、有力支撑工程特战行动决策和行动指控。在全面翔实获取情报信息的基础上，执行工程特战任务的部队指挥员要对掌握的情况进行分析、研究、推理和判断，得出综合分析判断结论，为正确定下行动决心提供坚定的支撑条件，为有效指挥控制工程特战行动奠定坚实基础。

1. 分析研判情况的内容

分析研判情况根据获取情报信息的类别，通常按照逐类分析、综合研判的顺序进行。逐类分析就是按照敌情、我情和战场环境三个方面逐类进行分析。正确分析判断敌情是顺利完成工程特战任务的前提基础。指挥员判断敌情的主要内容包括：行动地域内敌兵力部署的特点、规模，行动地域和行动目标周围敌方可能增援的兵力、行动路线、可能采取的行动及其对我方行动带来的直接及间接的影响，行动目标的要害部位、关节点和数量，其对工程措施和技术手段的要求及对我方行动的影响等。全面准确把握我情是顺利完成工程特战任务的可靠保证。指挥员准确把握我情的主要方面包括：编配的装备器材战技术特点、性能及其最佳运用时机、地点和方法，人员的军政素质、精神士气、专业特长、作战经验和作战能力及最佳的行动定位，友邻的位置、任务、行动的时机、地点及对我方行动的影响和可能提供的支援及保障等；战场环境是顺利完成工程特战行动的重要依托，研究战场环境主要从地形、天候、社情和电磁环境等方面分析。在地形上要分析判断行动地域和行动目标的地形状况、通行能力、隐蔽条件等，找出便于在行动地域内行进的路线、接近目标的路线和占领的位置、撤离的路线和会合的地点等。在天候气象上主要分析研究行动过程中其基本状况和可能的变化，判断对机动和行动装备器材、分队行动和完成任务的影响，存在的有利条件和不利因素等；在社情方面主要分析判断行动地域内民众对作战的态度和趋向及可能对我方行动带来的影响，当地的技术储备、物资器材、通信条件等社会资源及我方可利用的程度；在电磁环境上主要判断电磁环境的复杂程度，分析敌、我、民等电磁频谱的可能使用及干扰情况，敌方可能的电磁行动对我方行动的影响，我方电磁辐射可能造成的自扰互扰情况，自然电磁辐射可能带来的影响等。综合研判就是在分类分项分析的基础上，着眼作战全局，从整个体系角度分析研究和判断，得出综合判断结论。

2. 分析研判情况应把握的问题

毛泽东深刻指出："指挥员的正确部署来源于正确的决心，正确的决心来源于正确的判断，正确的判断来源于周到的和必要的侦察和对于各种侦察材料的连贯起来的思索。"[3]工程特战行动的指挥员在全面细致获取情报信息的基础上，分析判断情况要注意把握以下三点：一是技术辅助与人工决策相结合。随着科学技术的进步，分析判断的技术手段越来越先进，为运用技术手段辅助支撑分析研判情况提供了有效条件。指挥员在进行分析研判情况时，要综合运用模型分析、智能分析等方法，依据设定的程序、模型、方法进行筛选和分析。同时，在技术分析的基础上，指挥员要注重依据作战训练经验、敌我态势变化得出的结论，提高分析判断的科学性。二是广泛收集与仔细甄别相结合。随着侦察技术的发展，工程特战行动的指挥员通过多种方式手段将获取海量的数据信息，对获取的信息去伪存真、去粗取精，充分利用大数据挖掘技术，对收集到的信息资料，采取比较、对正、联系的方法，进行验证核实，确保分析有依据，判断有支撑。三是局部分析与全局判断相结合。任何事物都不是孤立的、单一的，战场态势是由敌情、我情和战场环境等方面有机联系、共同组成的，整个战场态势是由战场各局部组成的。因此，对情况的分析判断必须站在战场态势的全局、统筹战场环境要素的全局，注重在逐个类别单个方向分析的基础上，放眼全局进行衡量把握，从诸要素诸事物联系的角度进行体系分析、逻辑判断，确保分析研判准确、合理。

（三）基于破击体系优选破袭要点

未来信息化联合作战的基本特征凸显了体系破击这一作战理念的重要性。正所谓"一节痛，百节不用"。[4]选择敌作战体系或支撑敌作战体系运用的要害部位和关键目标实施重点打击，破坏或瘫痪其作战体系的正常运行，是达成作战目的、夺取作战胜利的重要基础。美军在《联合特种作战条令》中明确要求："特种作战主要用于具有战略重要性的高价值目标。"工程特战作为使用工程措施或对工程目标的特战行动，理应遵循特种作战的理念原则。工程特战行动的目标通常由上级指定，工程特战行动的指挥员必须严格遵循上级意图行动。同时，由于工程特战行动力量相对有限，携带的装备器材数量种类有限，若要达成破其一处、毁其功能从而瘫其体系、震撼全局的目标，致使其作战体系或局部失灵、失控、失效，必须根据目标的性质特征和行动的能力手段精选目标的破袭点。

1. 目标破袭点的选择范围

根据效能不同，作战体系目标包括若干子体系目标，如作战指挥体系目标、作战力量体系目标、综合保障体系目标和作战潜力体系目标等。围绕行动达成的目的和效果不同，诸作战子体系目标都可能成为工程特战行动的目标，需要根据目标的不同特征和性能综合分析研究，选择破袭的具体点位。

作战指挥体系目标是指挥控制的核心、作战体系的关键组成部分，是工程特战行动的重要目标。工程特战行动对作战指挥体系目标破袭，一般选择指挥机构的重要设施或附属设施，可选择这些设施的基础平台或设备为破袭点，如指挥方舱车、通信节点车、卫星地面站的接收设备、光缆干线节点、预警雷达站的雷达等，造成指挥失联、部队失控；对作战力量体系实施破袭破坏，可以削弱敌作战力量，同时对敌心理产生极大震撼，在一定程度上动摇敌作战意志，工程特战行动对作战力量体系行动时可选择电子干扰电台、雷达站、电子战设备、火炮和导弹发射阵地、飞机跑道、停机坪、导航控制设施和技术保障设施等破袭点，有效削弱敌作战能力和潜力；综合保障系统支撑作战体系，为作战体系提供物质基础，工程特战行动可对弹药库、油料库、铁路编组站设施设备、公路铁路桥涵的薄弱结构等进行破坏，对敌作战能力起到釜底抽薪的作用；作战潜力目标可转化为作战能力或支持作战体系，工程特战行动可对诸如发电站、炼油厂、交通枢纽、通信枢纽等目标进行破坏，可选择发电站的发电机组、关键的输变电设备、炼油设备和储存设施、交通枢纽的码头航道、导航设备、桥涵设施，以及通信塔、信号塔等为破袭点。

2. 目标破袭点选择应把握的问题

工程特战行动指挥员在行动决策选择目标破袭点的过程中，要准确理解和把握上级意图，准确分析把握诸体系、诸目标的特点和价值，结合诸体系中的目标性质和属性，灵活选择破袭点。一是要着眼目标失能、结构破坏，精选关键破袭点。信息化联合作战，是体系与体系的对抗，选准各类作战体系目标中的关键部位进行打击和破坏，能直接达成目标失去应有功能，利于瘫痪敌方整个作战体系，达成作战目的。如南斯拉夫电影《桥》所讲述的故事，就是南斯拉夫特种作战小分队历经艰险，精心选取德军后续部队机动必经重要桥梁的关键桥墩作为破袭点。虽装药不大但由于其结构特点，一点破坏，全桥毁瘫，迟滞了德军的增援行动，达成了支持己方主力作战的目标。二是要着眼自身能力，合理选择破袭点。工程特战行动这一特殊的行动，由于作战环境特殊，力量小型精干，可携带物资器材数量有限，必须根据行动力量和装备器材问题注重效能，科学选取破袭点，不可贪大求全。三是要着眼作战进程，精选敌人防卫较弱的破袭点。要围绕不同作战阶段的重心，依据实际作战能力，分析判断目标周边环境特点，从目标方位较弱、能够渗透、便于得手的方向选择破袭点，从而便于接近破袭位置，顺利达成破袭目标的目的。

（四）着眼实际需求确定行动部署

行动部署是根据行动的需要和可能，将建制和配属的兵力进行编组、配置和任务区分。工程特战行动作为一种特战行动，其行动任务特殊、作战环境特殊、使用力量特殊，由于其一系列的特殊性，要求工程特战行动的指挥员必须根据不同的作战对象、结合具体的作战环境、针对不同的行动目标，着眼合成优化、保障重点，科学合理地确定行动部署，力求行动部署与行动的特殊要求相匹配适应。

1. 工程特战行动编组

根据工程特战行动的基本要求和编配装备情况，工程特战行动通常以特种作战分队为基本单位，加强具有专业工程技术特长的工程兵骨干人员和其他专业人员组成。根据行动需要可编组指挥决策组、警戒掩护组、特战行动组、支援保障组、冗余预备组等。指挥决策组由工程特战行动的指挥员、工程技术专家组成，主要是决策行动目标、路线、部位、方法等，对行动进行指挥控制和初步评估；警戒掩护组由精于敌情观察报知和提供火力掩护的人员组成，主要负责对可能的敌情进行观察、报知、预警，必要时为特战行动组提供火力掩护或进行行动佯动，吸引敌人注意力，干扰敌人对特战行动组行动可能带来的破坏和影响；特战行动组由具备专业特长和特战技能的人员组成，配备与行动匹配对应的装备器材和炸药火具组成，主要负责对行动目标直接实施作业，达成行动目的，根据目标的分布情况，特战行动组可细化区分 2~3 个行动小组；支援保障组主要由专长通信、气象、心理、维修等人员组成，为特战行动提供相应辅助保障；冗余预备组与特战行动组人员组成相似，主要是行动的预备和补充力量，是在特殊情况下的补充和保底手段。

2. 行动部署应把握的问题

工程特战行动指挥员必须依据实际情况，科学、合理地确定行动部署，要注意把握以下三点：一是行动编组要小型精干。特战行动的特殊性质决定了其编组必须小巧灵活、便于渗透、不易发现，因此编组要根据作战需要、行动任务、战场容量、作战能力等因素，恰当确定工程特战行动编组。行动编组要小型化，编组人员要精干，既要确保力量够用，又要注意控制规模，既要与完成任务相适应，又要留有余地，同时，还要考虑战场兵力兵器投送的实际能力来合理确定，才能适应工程特战行动的需要。如美军"绿色贝雷帽"特种部队的作战组，已由20世纪90年代的25人减至10人以下。美军在2003年的伊拉克战争中，担负破袭伊军预警雷达任务的作战组仅有3人；俄军特种任务旅下辖的特种任务小组也有原来的20人减至5~10人；以军的特种战分队作战编组规模也通常控制在5~8人。二是行动能力要全面多能。信息化联合作战，工程特战行动根据担负的作战任务需要，将在各种复杂环境下担负多种任务，目标特点差异大，作战环境恶劣，行动独立性强，加上编组规模的小型化，要求每个行动编组必须全面多能，这样才能适应完成各种复杂任务的需要，才能确保工程特战力量效能的高效释放，确保作战任务的完成。如伊拉克战争中，美军一支特种分队6名成员都有突出专长，分别是爆破专家、通信专家、石油专家、心理专家、气象专家和沙漠专家，在1个月内先后执行了破袭军营、引导打击、策反高官、保护石油设施等10余项任务；俄军"阿尔法"特种部队要求每个小组，同时拥有狙击、爆破、登山、潜水、情报分析和谈判等专业能力，能深入敌境执行多元任务。三是行动部署要灵活高效。未来信息化联合作战，作战对象不同、战场环境不同、作战样式和背景不同，工程特战行动也将呈现出不同的特点。因此，工程特战行动指挥员在进行行动部署时，要统筹考虑人员装备的特点和实际能力，根据不同的作战对手、作战环境、作战目标、行动方法和行动要求，按照对口、独立、重点、灵活的原则要求合理确定行动编组。其中，对口就是从着眼不同战场环境的特异性，从便于充分发挥各类人员的专业特长和装备器材的使用效能角度出发进行人员编组、装备器材分配，使得人员装备效能匹配行动特点和需求，作战效能得以充分释放；独立就是各行动编组结构合理，具有很强的战场生存和自我保障能力，能够独立行动，并在规定时限内完成任务和应付其他复杂情况；重点就是充分考虑主要方向和完成主要任务的需要，将战斗力最强、功能最全的力量集中用于主要作战方向或主要行动目标，完成主要任务；灵活就是根据行动的需要，各行动编组数量和规模能根据其任务主次、敌情变化、行动和作战能力实际而定。既要确保够用，又要注意控制规模，既要与完成任务相适应，又要留有余地，还要根据战场态势的实时变化，及时调整行动部署，保持其灵活性和韧性，以使行动部署能够针对不同行动的特点，适应复杂的战场环境和各种突发情况。

（五）根据兵力装备明确行动方法

行动方法是达成工程特战行动的手段、措施的综合运用，是达成工程特战行动目的的直接而有效的抓手。工程特战行动方法要从敌我双方实际情况出发，适应信息化联合作战工程特战行动的特点和规律，扬己之长、击敌之短，确保实现预定作战目的。工程特战行动指挥员根据担负任务的性质、目标的分布和分队的能力科学灵活地选取行动方法。

1. 多维侦察，同步破击

多维侦察，同步破击，就是工程特战力量深入敌后，综合运用传统的人力侦察与新型的技术侦察等多种侦察手段，采取抵近侦察、秘密侦察、机动侦察、连续侦察等方法，在上级情报技侦力量的支援下，全方位、全天候、全时段、全频谱对行动地域和行动目标进行精确侦察、核实验证、准确定位，在条件许可的情况下，可对目标直接实施攻击和破坏。在运用多维侦察、察打一体的行动方法时，一是要多法并举，共享融合。工程特战力量要运用多种手段、方式获取目标情报信息，对经多种途径获得的目标情报信息进行整合处理、核实验证，以确保准确。二是要以察为主，同步破击。工程特战力量在行动过程中以坚持不暴露自身行动为第一准则，如无特殊要求和必要，主要以隐蔽地获取信息和对目标进行定位为主，能够给其他打击力量提供定位和引导。当目标位置难以被引导打击时，工程特战力量方在侦察的基础上适时进行破坏。三是要精选目标，打而有度。工程特战力量有限，侦察和破坏受限，其行动目的和性质决定了不可能对大量、大型目标进行打击，因此工程特战力量必须从整个体系出发，精心选取核心要害目标，力求取得最大的价值。四是要快打快撤、切勿恋战。工程特战力量行动深入敌后，特别强调行动的速决性，力求在敌人尚未反应过来时就与敌人脱离接触，或不与敌人接触，以便尽可能减少损失和伤亡。

2. 精确定位，引导打击

精确定位，引导打击，就是工程特战力量充分利用地形、夜暗或不良天候的掩护，秘密到达攻击目标附近地区，在核实验证目标真伪的基础上，使用观测、定位器材和测向设备，精确测定目标的具体坐标位置和关键核心部位的主要特征信息，形成目标（部位）数量、位置、状况等数据，通过通信器材向上级报告，由上级指挥控制远程精确炮兵火力、航空兵或火箭军实施精确打击，或在建立良好协同的情况下，将目标定位信息直接报告给火力打击力量，采用数据引导、激光照射引导，以及在目标及其附近、在通往目标的路线上设置明显标示物或能够使目标产生光、烟、雾、火等其他信号引导方法，使己方识别并实施打击。在运用精确定位、引导打击的行动方法时，一是要核实验证，定位精确。信息化联合作战，敌方广泛采取欺骗、伪装措施，给目标侦察、识别、定位和引导增加了难度，工程特战行动分队要注重把战术方法和技术手段结合起来，做到及时发现、仔细识别、精准定位。二是要多法并用，可靠引导。工程特战分队要根据目标的特征特性合理确定数据引导、激光引导和信号引导的手段，力求采取多种引导方法并保有备用手段，确保引导无误。三是要密切配合，防止误伤。工程特战分队与火力打击单位要加强沟通、密切配合、快速反应，力求抓住时机，防止暴露误伤。四是要及时评估，以利再战。工程特战分队在引导火力实施打击后，应尽可能对打击效果进行观测与评估，查明目标遭打击部位、毁伤程度与数量以及目标恢复情况，为后续打击提供目标信息，做好持续引导打击准备。

3. 以虚助实，牵破一体

以虚助实，牵破一体，就是工程特战分队以部分力量编组佯攻佯动分队，对预定目标周围的数个目标或在数个方向上实施佯动或佯攻，同时配以其他欺骗手段，造成敌方错觉，辨不清我方主要攻击方向或目标，集中主要力量组成破击分队利用佯攻佯动分队的行动效果迅速对核心目标（部位）实施破击。运用以虚助实、牵破一体的行动方法时，一是要合理确定佯攻佯动方向（目标），在佯攻目标和方向选择上要注意把握其切实的攻击价值，确保吸引敌方关注度，为真正的破击行动奠定基础，也要注意把握尽可能减少佯攻佯动目标与核心攻击目标（部位）的关联程度，不暴露破击核心目标（部位）的意图。二是要合理编组佯动和主攻的力量。佯动与主攻是有机联系的整体，要根据实际合理兵力器材的分配，力求兵力与装备器材匹配而又相互补充，既要有足够实力形成佯动的"真实"，避免牵制不动，也要保证主攻的"拳头"力量，避免突击不够。三是要加强指挥密切协同。佯动佯攻方向是达成主攻目的的重要组成，要加强两个方向的协同配合，要指挥佯动佯攻造成大的声势，切实调动敌防卫兵力，及时投入主攻力量利用敌方空虚和空隙展开行动，主攻佯动要相互掩护、互为条件。

4. 小群多点、向心破袭

小群多点、向心破袭，就是工程特战分队对较大的面状目标或一个体系的多个目标（部位）实施破袭，如通信系统多个站点、指挥机构多个要素，要编成若干具有独立行动的小组，隐蔽渗透到敌纵深和后方的不同地点，根据不同目标（部位）的不同特征和装备器材的性能，从多个方向点位选择恰当的工程措施破击目标（部位），造成目标失能、体系毁瘫。运用小群多点、向心破袭的行动方法时，一是要注重恰当选择目标并建立统一的指挥。要着眼敌作战体系中的要害目标和关节点作为破袭目标，根据工程特战分队力量通常选择作战体系中的 2~3 个点状目标或面（线）状目标的若干个点（部位），以造成目标区域内"遍地开花"之势，达到断链瘫体的目的。二是要对各行动小组统一区分任务，统一组织协同，统一计划实施各种支援和保障，加强各个行动方向之间的联系和配合，使不同目标、不同方向的行动联结成为一个有机整体。

5. 广泛机动，游动破袭

广泛机动，游动破袭，是指工程特战分队力量有限，难以同时打击多个目标时，或根据作战全局的需要，破袭诸如交通运输线、输油管线、通信枢纽多个节点或点状目标时，在一定时间内灵活运用各种机动方式，先后对多个目标或一个目标的多个部位实施破袭的方法。运用广泛机动，游动破袭的行动方法时，一是要科学规划行动目标。游动破袭对目标的破击具有一定的随机性，但达成的行动目的是统一的，因此在目标的选择上，通常选择作战体系的 2~3 个目标或统一线状目标的 2~3 个破袭部位，做到游而不散，不论是对哪个目标的破击都是达成预定的行动效果的重要组成。二是要采取灵活的方式方法。游动破袭要注意把握其游动的灵活性，既可对目标采取打了就走的方法，也可采取对目标多次破袭的方式，切忌形成固定套路和规律。三是要周密搞好各种保障。由于其机动的广泛性和游动的灵活性，在机动的路线和方式上通常不拘泥于一种形式，不固定于一个地区，要加强情报、物资和器材等保障，合理调控，保障其游得动、游得活。

（六）着眼行动目的组织协同保障

工程特战行动任务转换快，情况复杂多变，不确定因素多，对战略、战役、战术作战直接产生影响，而自身行动受到诸多限制。为此，必须充分进行作战准备，确实搞好作战协同，发挥整体作战威力，协调一致地完成任务。工程特战指挥员要结合工程特战行动的特点，紧紧围绕上级作战意图，根据敌军部署、战区地形、天候气象及战斗发展变化等情况，按照作战进程，区分为进入破击目标区、对预定目标实施破击（夺取）和控制目标区三个阶段，周密搞好机动、展开、战斗实施和完成任务后等各个时节的协同预想破击行动进展和可能出现的情况，明确处置情况时各作战编组的行动和协同事项。其内容通常包括：各队（组）进入目标区的时机、方法、路线及相互协同的方法，接近目标的方式、位置，对目标进行破袭的方法、行动顺序，完成破击任务后收拢和占领的有利地形、重点部位、防守的要点目标等。在与运输航空兵进行作战协同时，应以运输航空兵为主组织协同，通常按集结、装载、机动、着陆和撤离等时节组织；在与支援的武装直升机进行协同时，应以工程特战行动分队的行动为主，通常按作战目标、时间和地点进行协同，明确工程特战行动分队在每个作战阶段的行动方法，规定支援武装直升机分队实施火力突击、压制、摧毁、掩护的部位、时机、程度和协同联络信记号。在与我方地面穿插迂回部（分）队协同时，应根据工程特战行动的发展变化，以临机协同为主。在组织协同的基础上，担负工程特战行动分队应根据情况适时开展有针对性的模拟训练。通过模拟训练，熟悉行动地域的战场环境和行动方案，为实施工程特战行动奠定基础。

有针对性地搞好物资器材保障是完成破击任务的前提和物质基础。工程特战行动指挥员要从最困难的情况出发，立足一定时间内的独立战斗，实施有重点的加强和保障，加强通信、物资和弹药的保障，重点做好工程爆破器材、特种武器弹药、燃烧器材、野战食品、药品及其他特种专业工具、器材的保障。

二、工程特战行动实施

（一）灵活采用多种方式，秘密进入行动区域

进入行动目标区，是指工程特战力量以多种方式隐蔽进入敌方纵深接近预定目标的行动。它是工程特战行动的第一个阶段和关键步骤，是形成有利态势和完成工程特战任务的重要前提和保证。信息化联合作战中，机动与反机动、特战与反特战的斗争异常激烈。工程特战行动在敌方纵深实施，沿途敌情顾虑大，战场环境复杂，隐蔽进入将十分困难。因此，工程特战行动的指挥员必须高度重视进入行动，在上级的筹划部署和友邻的协同配合下，周密组织与实施，确保工程特战力量及时安全地到达预定行动地区，为展开下一步行动创造有利条件。

1. 进入方式

按照进入预定作战地区时使用的运载工具不同，工程特战力量进入预定行动地域通常分为空中进入、水路进入、陆路进入和综合进入四种方式。在具体实施时，往往采取一种方式或以某种方式为主、多种方式并用实施进入。

空中进入，是指工程特战力量以伞、机降方式进入行动地区的方法。空中进入具有不受地形限制、速度快、易达成行动的突然性等特点，是特种部队最常用的一种进入方式。一般在能有效实施空中掩护的情况下采用。工程特战力量到达预定进入空域后，应加强对着陆场的观察，确认无误时再进入，必要时，可提前派出地面小分队或由空中投放小分队担任地面接应和引导。进入预定地区后，要迅速收拢人员，并占领附近有利地形或迅速向行动目标运动，防敌袭击。

水路进入是指工程特战力量搭乘水上（下）输送工具进入行动地区的一种方式。这种方式一般在江河水网地带或在登岛作战、跨越水面障碍时采用。采用水路进入方式时，应尽量避开孤岛及明显独立物体，上陆点应选择在地形隐蔽、敌情顾虑较小、水中或岸上障碍物较少的地区，或被我方控制的港口、码头。在航行过程中，应派出必要的侦察警戒舰艇和护卫舰艇。上陆后，迅速组织人员卸载并抢占滩头，或向预定地域展开。与敌遭遇或遭敌空袭、炮击时，尽量避免与敌纠缠，迅速向上级报告召唤航空兵或其他火力支援，以掩护主要力量进入预定位置。

陆路进入是指工程特战力量徒步或乘坐陆上交通工具进入作战地区的一种方式。这种方法通常在距离较近、时间充裕、交通便利、敌情顾虑较小的情况下采用。遇敌空袭时，应采取必要的防护安全措施，降低敌空袭伤害；遇敌地面袭击时，可以少量力量予以迟滞，在条件具备时也可召唤友邻兵力火力予以支援，掩护主要力量安全进入预定地区。

综合进入是指工程特战力量同时采用两种及以上运载工具，从多方向、多地点进入预定行动地区的一种方式。信息化联合作战，一方面，渗透破袭目标多，所需兵力大，时间紧，工程特战行动要在敌纵深展开，机动距离较远、战场环境复杂，只采取单一的进入方式很难适应快速投送的要求；另一方面，工程特战行动作为联合作战行动的一部分，可以利用诸军兵种多样化的输送工具，采用综合进入方式，既有利于最大限度地发挥我方现有输送潜力，也有利于迅速在预定行动地域形成相对较强的作战力量。在采用综合进入方式时，应根据战场的具体情况，以一种进入方式为主、多种进入方式并用或多种进入方式交替运用。一般来讲，当机动距离较远或情况允许时，以铁路机动为主，并积极运用伞降、机降等其他快速机动方式；当机动距离较近时，以摩托化机动为主，再辅以其他进入方式；当部队轻装投送或主要输送人员时，应以空中投送方式为主；当登岛作战或水路投送条件许可时，主要兵力可以水路投送。

2. 进入过程中应把握的问题

工程特战力量通常要越过敌前沿，深入敌纵深遂行任务，行动极其敏感，往往成为敌方关注的主要目标。因此，工程特战力量进入行动地区时，应根据作战需要、敌情和地形等情况，周密组织实施。

要正确选择进入的时机和方法。进入时机一般可分为联合作战发起前、发起时和发起后，但无论确定在哪个时机进入，既要符合工程特战行动的需要，更要符合联合作战整体的需要。进入方法可根据具体情况，分为集中进入与分散进入相结合、一次进入与多波次进入相结合、单方向进入与多方向进入相结合、隐蔽进入与强行进入相结合等，以提高进入的成功率。无论采用什么时机和方法，都应尽量避免在敌方大纵深、高强度的空袭或敌方采取其他高强度反制情况下进行大规模的机动，以减少工程特战力量进入预定行动地域过程中的损失。

要合理选择进入路线。指挥员在确定进入路线时，应根据进入方式和战场环境条件，坚持"安全、快速、隐蔽、突然"的原则，采取图上选择、计算机模拟和秘密勘察等方式方法合理确定。选择时应注意把握以下三点：一是力求选择隐蔽路线。无论采取何种接敌方式，都应选择敌方疏于防守、便于利用地形隐蔽机动的路线，如徒步接敌时，应尽量选择隐蔽小道接敌；机降接敌时，应尽量利用山间谷地、林地等地形地物飞行，确保隐蔽行动企图，防敌侦察和打击。二是力求取捷径。在隐蔽机动的前提下，应选择距预定目标区较近的路线，以提高接敌的时效性。三是要选择迂回和备用路线。一旦预定接敌路线被敌方发现或难以通行，就实施绕行，或改用备用路线实施机动，确保隐蔽快速机动到位。在确定进入路线时，还可采取多设立停顿点或改变停留点方向的方法，增强作战行动的隐蔽性，调动敌人兵力兵器或迷惑敌人。条件有利或情况紧急时，也可确定直接到达的路线，但应周密组织好火力掩护或战场欺骗等活动，以确保机动接敌的安全。

要灵活处置意外情况。工程特战力量进入行动地区，是在战场情况复杂多变和相对透明的情况下进行的，将有可能遇到各种各样的意外情况。因此，灵活处置意外情况是确保准确及时进入预定行动地域的重要环节。要采取有效措施，切实隐蔽进入企图，减少意外情况发生。在相对透明的现代战场上，只有采取切实可行的措施隐蔽机动企图，才能确保"进得去"。在进入过程中，遭敌袭击、火力拦阻或输送工具出现故障、交通要道被敌破坏等情况时，要及时组织换乘新的输送工具或寻找迂回道路通过。当情况发生重大变化或不能按时进入预定行动地域等重大情况时，要及时请示报告。在情况紧急时也可边处置、边报告，以免造成不应有的损失。

要加强指挥协调。工程特战力量向预定地域的机动，敌情大，支援保障单位多，要及时协调各保障单位特别是担任机动保障和掩护保障的力量按时到位，明确各自的保障任务和方式，严密组织相互间的协同，积极争取地方有关部门和人民群众的支持。

（二）加强行动指挥控制，有效达成行动目标

在工程特战行动中，工程特战力量将针对不同的战场环境、行动目标，灵活运用工程措施方法手段达成行动效果。工程特战指挥员要根据上级意图和战场情况，合理调整行动计划和预案，严密实施工程特战力量内部各战斗编组的指挥控制，积极协调上级和友邻的支援保障力量，确保工程特战行动达成良好的效果。

工程特战力量在对目标实施引导打击时，在进入行动地域后，首先通过持续的观察判明查清目标外围警戒、守敌活动规律、周围地形道路等情况，而后秘密渗透至目标附近，选择便于观测和隐蔽行动的地点，严密伪装观测器材，对要攻击和行动的目标使用多种侦测手段进行测量定位，对已经掌握的目标信息进行核实和修正，查实真伪验明正身，准确测量其具体位置、目标参数和薄弱部位等；然后由指挥决策组根据测量的目标信息进行综合分析判断，通过对目标的结构分析和精确的工程计算决定引导打击的具体目标和部位，根据引导打击目标的工程结构性质和打击兵器的打击效能，计算可能造成的破坏效果和影响范围，确定工程特战力量各战斗编组的具体位置和引导、联络、协同的信号及规定，选择恰当的引导方式和时机。工程特战力量指挥员向上级和负责打击的力量取得联系，核对参数、明确时机和引导方法，迅速组织工程特战力量潜伏在预定的引导位置，并向主要方向派出警戒掩护力量，派出多个引导小组，从多个方向采用无线电引导、激光照射引导等方法，引导我方远程或空中火力对预定打击破坏的工程目标实施引导，或在我方空中打击力量进入预定打击区域时，使用曳光弹指示或诱发烟火等进行引导。打击过程中，工程特战力量持续保持对目标的观察，对打击效果进行评估并向指挥员报告情况，由指挥员进行分析评判，及时与上级或与打击力量联系，对未摧毁或未达成预定效果的目标实施再次引导打击。

工程特战力量在对目标实施破袭破坏时，在进入行动地域后，首先通过持续的观察判明查清目标外围警戒、守敌活动规律、周围地形道路等情况，对要攻击和行动的目标使用多种侦测手段查明其具体位置、目标参数和薄弱部位等；然后由指挥决策组根据测量的目标信息进行综合分析判断，通过准确的工程计算决定行动的具体目标和部位、使用的工程措施和器材、装药的数量、行动的顺序、各组行动时的位置和具体行动，修改完善行动预案，并及时给各行动小组补充规定任务，明确新发现的敌情、各组展开的路线、行动位置和相互协同的方法等。行动时，工程特战力量利用不良天候和有利地形，从目标翼侧、间隙部位和警戒薄弱处隐蔽抵近目标，当条件允许时，警戒掩护组寻找恰当位置实施警戒掩护，特战行动组抵近目标周围设置爆破装置或破坏装置，适时或定时起爆进行破坏。当难以实施隐蔽设置时，佯攻组或支援保障组在其他方向实施袭击或营造假象，吸引敌人，同时火力组或警戒掩护组以突然、准确的火力快速消灭目标周围警戒的敌人，行动组在火力组或掩护组的掩护下，迅速接近目标（部位），在预定目标（部位）处设置爆破装置或破坏装置，适时起爆，破坏目标或重要部位，使其丧失功能；预备组协助掩护组担负警戒任务，并做好随时支援接替行动组行动或在其他方向实施破袭破坏的行动。

（三）采取恰当的方式方法，快速安全撤离任务区

撤离行动，是指工程特战力量在完成或解除作战任务后，脱离当前行动地区的行动。它是工程特战行动的最后一个阶段和重要行动步骤，是保证工程特战力量安全的重要措施。信息化联合作战，工程特战力量的撤离行动具有隐蔽行动难、支援保障难、脱离接触难等特点。为圆满完

成工程特战任务，最大限度地保存工程特战分队实力，工程特战分队指挥员应根据上级意图和战场情况，在其他力量的接应与掩护下适时撤离行动地区。

1. 撤离时机及方式方法

撤离时机。在信息化联合作战中，特种部队所处的战场环境与一般部队不同，通常情况下，工程特战力量撤出战场时，是在与敌直接接触情况下撤出，环境险恶、孤立无助。因此，在信息化联合作战中，工程特战力量撤出战场行动具有一定的特殊性，通常是工程特战力量完成预定作战任务返回，或向另一个任务地区转移，或出现意外情况中途解除任务时的转移与返回。

（1）撤离方式。工程特战力量撤出战场的方式与进入预定作战地区方式相似，撤出的方式通常包括空中撤出、水上撤出、陆路撤出和综合撤出四种。工程特战力量撤出战场方式的选择，应着眼撤出战场行动的特点，依据兵力编成、敌情、地形和信息化联合作战整个态势等情况确定。

（2）撤离方法。其主要包括集中撤离、分散撤离或多批撤出、分段撤离、全程撤离、隐蔽撤离、强行撤离等。集中撤离是指工程特战力量统一组织一次性撤出，采用这种方式便于指挥控制，便于抗敌袭击，但目标大，易暴露撤出企图；分散撤离或多批撤出是指工程特战力量以小群多路的形式分批或同时从不同的方向、路线撤出，这种方式便于隐蔽，利于行动，方便交替掩护，但组织指挥和协同难度较大，延续时间较长；分段撤离是指在撤出条件和环境受限的情况下，可先以徒步方式由与敌接触地区撤至安全地带,然后视情搭乘输送机动工具撤出;全程撤离是指在条件许可的情况下,由撤出地域直接撤至预定待机地域或新的任务地区;隐蔽撤离与强行撤离都是工程特战力量撤出的基本方法,通常选择敌方的部署间隙和控制薄弱处,利用不良天候和有利地形撤出。必要时或情况紧急时,可根据当时的具体情况,果断采取措施,不失时机地强行撤出。

2. 撤离过程中应把握的问题

工程特战力量撤离作战地区相对于进入行动而言,准备时间短、时机难把握、方式选择局限性大。因此,要周密组织,加强指挥与协调,及时处置撤离行动中的各种突发情况,保证其迅速安全地撤出。

(1) 要预有撤离准备。在作战过程中,工程特战行动的指挥员要适时指导工程特战力量做好撤出的先期准备,着手由作战状态向撤出战场转换的准备工作。当战场出现重大变化时,指挥员要及时向上级报告情况,根据上级指挥员的命令,做好继续执行任务或撤出的准备。

(2) 要准确把握撤出时机,及时组织撤出行动。一般情况下,工程特战力量撤出战场应由上级指挥员予以确定。当上级没有明确指示时,工程特战分队指挥员应着眼任务的完成和自身安全,依据上级意图、战场环境和任务完成情况自行确定。当出现诸如上级命令工程特战分队立即撤出战场,需要工程特战分队转移行动目标,任务完成且战场环境利于撤出,任务尚未完成但战场环境已经不允许继续完成任务或继续在敌后活动等情况时,工程特战分队指挥员应果断下达撤出命令,及时组织撤出行动。

（3）在组织撤出时，要加快行动节奏，做到快收快撤。信息化联合作战中的工程特战行动，自身行动的速决性、情况变化的快节奏和敌火反击的快速性，要求工程特战力量的撤出必须快速进行。完成任务后要立即到指定地点会合，清点人员和武器装备，迅速做好撤出准备。在撤出过程中，可视情况采取多种方式方法组织撤出。在条件允许时，尽可能使用空中、地面，水上输送工具撤出。当受到战场情况严重制约，工程特战力量暂时无法撤出时，要组织就地隐蔽待机，保存实力，并与上级保持联系，待创造或出现新的撤出时机时，再组织撤出。

（4）要强化指挥，加强对撤出行动的指挥控制。从派出机关方面讲，一方面要根据战场情况和完成任务情况，果断定下决心，直接下达撤出命令，避免层层传达而延误撤离时机；另一方面要根据撤出需要，有重点地为工程特战力量提供情报、电磁环境和空中、地面远程火力支援和保障。要组织可靠的电磁干扰，对敌指挥通信系统和侦察监视系统进行电磁压制，协调航空兵和地面远程兵器为工程特战力量的撤出建立安全走廊，对围追堵截的敌人实施拦阻、遮断、打击。从工程特战分队指挥员方面讲，要沉着冷静，果断定下撤离决心，按照预先拟定的撤出方案，迅速组织实施。情况发生变化时，要边调整部署边组织撤出。通过认真分析判断情况，正确选择撤离时机、方向、路线和方式，充分利用一切可以利用的交通工具，采取灵活多样的撤离方法，快速撤出战场，不给敌方任何可乘之机。必要时，可请求航空兵和远程火力支援，并尽量利用不良天候、夜暗和隐蔽地形进行撤离。

三、工程特战组织指挥

工程特战的组织指挥，是指挥员及其指挥机关对工程特战行动进行组织领导的活动，是在遂行工程特战任务的人员素质、武器装备、编制结构等客观物质基础上充分发挥主观能动性，圆满完成工程特战任务的重要保证，也是工程特战力量的倍增器。

(一) 工程特战指挥的特点和要求

信息化的飞速发展引发了战争形态、作战方式和作战指挥的深刻变革，工程特战指挥的相关理论及实践正是在信息化的洗礼中不断丰富和完善的。只有充分认清工程特战指挥的特点及相关要求，方能合理确定指挥关系，有效运用指挥手段，精简优化指挥流程。

1. 工程特战指挥的特点

工程特战行动的特殊性，使得工程特战指挥，不仅具有工程兵作战指挥活动的一般特性，又具有自身鲜明的特点。

1) 指挥主体层次高

工程特战，如特战工程侦察、工程破袭、特种渗透破除工程障碍等，往往对战役甚至是战略全局有着重要影响，需要指挥员从战略战役全局出发，除组织指挥工程特战行动、协同、保障等内容之外，还要充分考量政治、经济、外交、宗教、民族等其他因素。因此，较一般的行动而言，工程特战指挥主体的层次更高。"战略决策、战役指挥、战术行动"是工程特战指挥的显著特点。通常，工程特战的时机，需要高层根据政治、外交、军事斗争需要选择；工程特战的地域，需要高层根据敌我双方的态势决定；工程

第五章　工程特战组织实施　　97

特战的目标，需要高层根据战役全局需要确定；工程特战的保障，需要高层全面协调；工程特战的实施，需要高层重点关注和把握。如在第二次世界大战中，美军海豹部队的前身——海军水下爆破队，以6人1队的方式担任两栖先锋，以橡皮艇或游泳方式渗透至敌人占领区，对水文地质和防御工事进行侦察，并秘密排除水雷。在诺曼底登陆当日，在美军损失最大的奥马哈滩头上，175名蛙人担任两栖登陆的开路先锋，秘密爆破了80%的防御设施，使得后面部队顺利登陆。这些工程特战行动均由盟军海军司令部直接指挥。

2）统一指挥要求高

工程特战任务往往由特战、陆航、工兵、防化、空军、海军、战略支援部队等多个军（兵）种联合实施，作战力量构成多，作战地域跨度大，作战时间相对紧，作战协同涉及广，作战保障任务重，作战效率要求高，即使是一些相对独立、规模较小的工程特战任务，如工程侦察、排除特种爆炸物，通常也需要在指挥上高度统一。美军在这方面有着惨痛的教训。1944年的太平洋战区，美军企图从塔拉瓦开展两栖登陆。当时第一批海军陆战队士兵通过乘坐两栖登陆车和潜泳等方式，秘密抵达岸边，准备提前破坏防御设施，遂行工程特战任务。但第二批载着大型武器及重型装备的大型登陆舰意外触礁而搁浅。由于第一批士兵和第二批士兵分别由海军陆战队和海军指挥，导致协同出现问题，先期到达的陆战队士兵在按协同计划排除敌水际滩头障碍物时，由于没有兵力和火力的支援，惨遭日军屠杀。鉴于类似的惨痛教训，美军在《美国陆军条令参考出版物 ADRP3-05〈特种作战〉》中明确指出：特种作战任务，需要一种集中的、反应迅速和明确的指挥结构。不必要的司令部层次和多头指挥会降低反应力以及用于制订任务计划的时间，并且会产生危及安全的机会。

3）组织协调难度大

为达成隐蔽、迅速、高效和出奇制胜的目的，工程特战往往不会追求绝对的火力和兵力优势，通常可能采取小规模、大合成的编组方式。目前，各国军队大部分以"组"为工程特战的基本单位，一般编3~15人，各组通常在统一的指挥下分头行动，分别担负工程侦察、工程破袭等任务，它们彼此之间的协同要求较高。有时，工程特战作为联合作战的重要组成部分，还需要与联合作战行动的其他部队保持协同，密切配合。除此之外，工程特战还可能需要与政治、外交、经济等斗争相配合。这些大量的沟通和协调工作，既有时间要求，也有精度要求；既有计划协同，也有临机协同；既有战略层面的，也有战役战术层面的，协同内容、协同范围、协同关系都比较复杂。有效组织工程特战的协同，是工程特战指挥的重要任务，也是对工程特战的重大挑战之一，稍有差池，则可能导致深入敌后的工程特战分队全军覆没。如1940年，为鼓舞士气，打破德军"不可战胜"的神话，英国首相丘吉尔从皇家陆、海、空三军部队中挑选出6名军官、32名士兵组成空降突击队，企图对意大利战区的沃尔土诺山流向军港的淡水供应导水管进行破坏活动，以造成洪水冲坏军港，阻止意大利军队的出征行动。通过周密的筹划，38名队员乘坐8架"威特雷"式轰炸机，在空军的掩护下跳伞，并着陆在军港附近。然而由于之前的协同出现了问题,着陆后,突击队指挥官普利查德少校在清点人员时,发现负责爆破的戴利上尉和几名工兵们均不在队伍中,情急之下,突击队只能将队员的手雷、手榴弹全部集中起来,绑扎成捆,作为爆破器材。勉强爆破成功后,突击队员利用夜幕迅速转移至预定登机地域,准备乘坐飞机撤离,却发现事先应该在此等待的轰炸机没有按协同计划到达,最终导致所有突击队员因寡不敌众而全部遇难。

4)指挥方式运用活

工程特战往往是"战术行动、战役效果"的作战行动,其任务通常具有极强的联合性、独立性。这就要求从战役甚至战略上,对工程特战进行集中统一的指挥,保证其始终按照战略、战役的需要行动,达成军事、政治、经济、外交等特定目的;要求依据其行动性质与范围,采取任务式、委托式等分散指挥方式,上级在规定基本任务,下达原则指示,组织协同保障的同时,不规定行动的细节,让一线指挥员根据受领的任务和当时情况,独立自主地指挥。尤其是在敌情不明确、地域不熟悉、目标不确定等情况下,应采取分散指挥等方式,充分发挥一线指挥人员的积极性、主动性和创造性,保证作战行动能够根据战场的情况灵活应变。1989年12月,美军发起代号为"正义事业"的军事行动,公然入侵巴拿马,旨在驱逐不与美国合作的巴拿马领导人诺列加。美国海军第二特种作战大队共派遣了707人参与此次军事行动。12月19日,海军第二特种作战大队派出2个行动小队,分别在诺列加可能逃生的港口和机场设置塑胶炸药,在美军攻占总统府之前将它们炸毁。在行动准备和空运、空降、航渡阶段,均由海军第二特种作战大队统一指挥,根据2个小队的任务,拟制了统一的行动方案,明确了指挥关系、协同事项、战斗保障等。在具体行动过程中,则分别由2个小队的队长,根据战场态势,自主指挥,随机行事。正是由于灵活采取了多种指挥方式,才使2个小队在行动过程中,能够根据战场的变化和上级意图,充分发挥主动性和创造性,灵活处置各种突发情况,较好地完成了爆破任务。

5) 指挥保障任务重

工程特战具有发起突然、行动迅速等特点,对作战指挥的时效性提出了很高的要求,而提高指挥时效性的前提是做好充分的指挥保障,如指挥信息系统的保障。首先,由于工程特战往往需要多个军兵种参与,各军兵种的指挥信息系统难以相互兼容。就工程兵而言,目前,工程兵作战指挥平台已基本实现了综合集成,但融入一体化指挥平台的工作还在继续。只有当工程兵的作战指挥信息系统融入一体化指挥平台,工程兵与其他工程特战力量之间才可能成为横向平等的关系,相互之间实施信息共享。其次,工程特战的基本单元往往是在敌浅近纵深或深入敌后的分队或小组,其系统终端延伸到分队、小组甚至单兵,保障这些信息节点以及整个系统的运行要求高、难度大。最后,工程特战指挥活动对敌方动态、目标信息、道路桥梁、气象水文等信息的保障要求高,要求尽可能实时地提供精确信息,以保证精确决策、精确控制、精确协同,实现由概略指挥向精确指挥转变,降低指挥风险。

2. 工程特战指挥的要求

工程特战指挥的上述特点，对其作战指挥提出了更高的要求。工程特战指挥活动除了应遵循作战指挥的一般原则之外，还应注意把握以下几个方面。

1）完善体系，统一指挥

组织实施工程特战，应当根据作战任务、指挥对象和指挥环境，建立相应的指挥体系，以保障对工程特战实施高效的组织指挥。通常应根据上级指示、作战全局的需要，工程特战任务、基本作战行动、兵力编成和编组以及指挥信息系统的保障能力，按照统一指挥、降低层级、便于协同和保障的要求，建立工程特战指挥系统。工程特战应当实施集中统一的指挥，根据全局需要，统一谋划各作战力量的使用时机、使用规模、使用强度；统一划分各战斗编组的作战任务、作战地域；统一组织工程特战力量与联合作战体系中其他作战力量的协同；统一分配和使用各种作战资源。1982年的马岛战争中，英军司令部下面建立了联合侦察科，多次统一组织特种部队、海军航空兵、工程兵等利用夜暗或恶劣气候，秘密潜入岛上，遂行工程侦察任务，窃取有关阿军的兵力部署、阵地编成、工事构筑、障碍设置以及岛上的地形、机场、仓库、通信报警设施等大量情报，为英军赢得战争的胜利立下了汗马功劳。

2）把握重心，坚定指挥

毛主席曾指出："任何一级的首长，应当把自己注意的中心，放在那些对于他所指挥的全局来说最重要最有意义的问题或动作上，而不应当放在其他的问题或动作上。"[3] 把握重心，也是工程特战指挥的基本要求。指挥过程中，要从联合作战全局出发，着眼工程特战效益的最大化，把握工程特战的重心。如工程侦察时，指挥重心一般是定下决心，组织侦察系统和装备保障，指挥渗透潜入等；工程破袭时，指挥重心一般是拟制方案，组织协同和保障，指挥渗透潜入，处置情况，组织撤离等；排除特种爆炸物时，指挥重心往往是拟制方案，组织协同，处置情况等。另外，工程特战往往需要深入敌后孤军作战，作战环境极其复杂，情况变化难以预测，一旦被敌发现或撤离不及时，在没有任何支援的情况下，稍有不慎就会全军覆没。因此，工程特战指挥员不论面临多么艰难困苦的局面，都要围绕上级意图和作战重心，临危不乱、处变不惊、英勇顽强，及时果断地做出决策。只要情况没有发生根本变化，就要坚定不移地指挥部队完成任务，实现预期目标。

3）抓住关键，灵活指挥

工程特战强调先敌一步，快敌一筹，指挥员应指挥决策快，带动部队遂行任务快。为此，工程特战指挥员要运用超常措施，打破固有的指挥程序，抓大放小，抓住核心和重点。对敌情已经基本明确、作战企图已定的行动，要快速计划组织，有的可以边开展、边计划、边组织。如组织工程侦察时，若时间紧急，指挥员可在简要明确敌情、地形、任务、协同、保障和报告的方式后，迅速派出工程侦察分队；而后根据不断收集的情报完善侦察方案，并通过指挥信息系统对工程侦察分队进行实时指挥。要抓住特种作战的主要目标、作战有利条件与不利因素、行动的最佳时间等关键因素，精心筹划、快速决策。要简化上传下达的内容，优化指挥作业程序，减少报文数量，尽可能压缩指挥活动所占的时间，把更多的时间留给部队进行作战准备和实施作战行动。要始终牢牢把握工程特战行动的目的和上级意图，准确理解和把握其精神实质，并据此灵活处置各种情况，不能因层层报告、请示而贻误战机。条件许可时，指挥员要亲临一线，在第一时间掌握和处置情况，以快速高效地指挥活动，取得工程特战行动的胜利。

4）转变方式，高效指挥

工程特战行动通常由多军兵种共同实施，具有联合作战的性质。因此，组织计划和作战指挥是十分复杂的。在这种情况下，怎样才能提高工程特战指挥控制的安全性和可靠性，保持对工程特战行动的连续和有效指挥，选用合理、高效的特种作战指挥方式是关键。信息化联合作战中，工程特战指挥要实现由依赖通信系统、定性分析、话音指挥为主，向依据信息系统、定量计算、实时同步指挥为主转变；将传统的重视定方向、下决心、做计划的指挥程式，变为重视研判目标、毁瘫体系、提供信息的指挥程式；要结合工程特战作战指挥实际，发挥指挥信息系统在情报获取、信息传输、信息融合、敌我识别、战场管控等方面的作用，提高指挥活动效率。总而言之，工程特战指挥要通过创立基于信息系统的作战指挥模式，加快指挥活动节奏，提升指挥的质量和效率。

（二）工程特战的指挥关系与指挥手段

工程特战往往属于联合军事行动，力量编成将根据不同的任务，由多军兵种甚至地方相关力量组成。工程特战行动前，建立相应的指挥体系，明确各类力量间的指挥关系，选择恰当的指挥手段，不仅直接关系工程特战的指挥效能，更是工程特战行动质量的重要保证，是工程特战行动准备的关键性工作之一。就工程特战的指挥体系而言，与一般作战行动的指挥体系不同。其指挥机构往往不会独立存在，而是与其他作战行动的指挥实体融合在一起的，而且其指挥体系往往依任务而定，是灵活多变的。一方面，以特战力量、工兵力量为主组织的工程特战行动，可能依靠特战部队和工程兵部队指挥体系建立；另一方面，临时抽组多方力量遂行工程特战任务，其指挥体系，通常依托任务、命令发出指挥机构，如战区联指、集团军指挥所等。不论建立哪种指挥体系，关键是厘清指挥关系，并采取多种指挥手段，确保指挥通联的顺畅。

1. 工程特战的指挥关系

指挥关系，是指指挥员及其指挥机关与所属部队之间构成的指挥与被指挥关系。通常依据编制序列确定，也可由上级根据作战编成或遂行其他任务的临时编组确定。[1]明确指挥关系是保证工程特战指挥顺畅通联必不可少的前提条件。在明确工程特战行动的指挥关系时，应主要把握以下原则。

（1）有利于实施高度统一的指挥。当参与工程特战行动的军兵种较多时，一般由联合作战指挥员及其指挥机构实施指挥。联合作战指挥员要确保自己对工程特战行动拥有统一驾驭和最终决策的权利，在规定下级指挥权限时，必须保留对所属部队的最终决策权。当参与工程特战行动的军兵种较少时，视任务的复杂性和影响程度，既可由联合作战指挥员实施指挥，也可由某一军兵种指挥员指挥。若由某一军兵种指挥员指挥，联合作战指挥员则应明确其指挥权限，尽量使工程特战的指挥权高度集中，使其对所属作战力量及其他必要资源拥有统一调配与使用的权利。

（2）充分发挥一线指挥员的主观能动性。考虑到工程特战行动隐蔽、环境复杂、局势多变，如渗透过程中与敌遭遇、工程破袭时目标发生转移等，均需要工程特战一线指挥员临机处置。所以在确定指挥关系时，在坚持有利于实施高度统一指挥的同时，应更加注重发挥一线指挥员的积极性，明确规定其临机处置情况的权限，使其在统一的作战企图下，及时、果断、准确地处置各种突发情况。

（3）有利于工程特战行动的组织实施。工程特战作战任务复杂多样、作战行动迅速突然、作战方法灵活多变、作战环境凶险难测，因此很难完全依靠自身独立完成任务。如工程破袭，可能需要友邻部队的火力支援和信息保障。这就要求上级指挥员在明确指挥关系时，必须着眼于工程特战行动的组织实施，明确工程特战的各级指挥员具有充分的指挥权限，在紧急情况下，甚至有权根据上级意图要求友邻部队提供支援和保障，友邻部队必须积极主动地配合。

工程特战指挥关系主要包括纵向指挥关系和横向指挥关系。一般情况下，纵向指挥关系是主导性指挥关系，横向指挥关系是重要的辅助性指挥关系。

1）纵向主导性指挥关系

工程特战，往往由工程兵、陆军航空兵、特战兵、通信兵，甚至空军、海军、战略支援部队等共同实施。因此，工程特战各作战要素之间的密切协同、有序配合、整体联动，离不开上级对下级的稳定掌控和连续不断调控，纵向指挥关系所具有的强制性仍是不可或缺的。根据纵向指挥权力分配的大小和制约的强度，纵向主导性指挥关系主要有隶属和配属两种。

隶属是指编制或命令规定的下级对上级的从属关系。[1]隶属关系的存在使工程特战部队能够保持高度的集中统一，是工程特战中最基本、最稳定、最具权威性的指挥关系，是发挥工程特战部队战斗力的根本所在。工程特战指挥员对所隶属的力量拥有全权决定的权力，包括下达命令和指示、确定编组和下级指挥机构、明确所属力量之间的相互关系、组织后勤和装备保障等。比如，在组织工程侦察时，工程侦察分队中编有工程兵、步兵、陆军航空兵等，假设该分队由联合作战指挥员指挥，那么联合作战指挥员则与工程侦察分队构成了隶属关系，可对其实施全权指挥。工程特战中，在确保完成任务的前提下，指挥员应尽可能地使用隶属的力量遂行任务。

配属是指指挥员将直接掌握和所属某一部队的一部分兵力兵器，临时调归所属另一部队指挥与使用的行动。[1]其是一种常见的规定临时组合作战力量所形成的纵向指挥关系。与隶属指挥关系相比，配属关系赋予的权力相对小一些，主要是下达命令，布置任务，在作战过程中进行协调控制，通常不包括行政方面的权力。由于工程特战任务往往事关战役甚至战略全局，作战力量构成多，作战地域跨度大，作战时间相对紧，作战协同涉及广，作战保障任务重，因此编制内的作战力量在功能上的不完备性，可能使隶属关系下的力量体系无法应对，需要在隶属指挥关系基础上为其配属相应的作战力量，以配属关系把完成任务所需的作战力量组织起来，合力完成艰巨的工程特战任务。如特种作战指挥员在指挥工程破袭时，配属了通信兵、步兵等力量。在工程特战行动中，指挥员对配属的通信兵、步兵等力量，主要是下达命令和指示、组织协同和行动过程中的协调控制，提出任务和行动要求，往往不包括组织后勤、装备等保障工作。此外，通信兵、步兵还应向原隶属部队报告执行任务的情况；一旦完成工程特战任务，即按照上级命令归建，配属关系就随之解除。

2）横向协同性指挥关系

在我军以往的作战中，由于受到体制编制和指挥手段的制约，横向作战单元之间条块分割、自成体系，相互间进行信息交互与共享的难度大，指挥关系主要表现为纵向指挥关系，即使是横向作战单元间的协同配合，也要通过纵向上的指挥干预来间接达成。信息化局部战争中的工程特战，各军兵种行动的立体性、专业性、交叉性和互补性越来越明显，横向间的协调配合越来越多，协调配合的时效性、精确性越来越强，如再采取间接协同配合的方法，不仅效率低下，还极有可能贻误战机，造成重大损失。因此，横向协同性指挥关系必然是工程特战纵向指挥关系主导下的重要发展。工程特战的横向指挥关系主要有支援和协同两种。

支援是指指挥员将直接掌握和所属某一部队的兵力兵器，援助所属另一部队或友邻部队的行动。[1]一方面，由于工程特战任务的特殊复杂性，任务部队往往需要其他作战力量提供信息、情报、输送、火力等多方面的支援，方能顺利完成任务；另一方面，工程特战行动敌情顾虑大、环境陌生复杂、突发情况多,而其"小编组、大合成"的编组模式,在遇敌伏击、与敌遭遇、目标暴露等情况下,任务部队往往在兵力、火力和机动等方面处于绝对劣势,需要支援。在第二次世界大战中,美国海军水下爆破队175名蛙人以橡皮艇或游泳方式渗透至敌奥马哈滩头,在秘密爆破了80%以上的防御设施后,由于没有重型武力的支援,在敌猛烈的炮火打击下,共有91名"蛙人"伤亡。

工程特战支援关系的实施过程通常为:首先,按照上级命令,确定支援关系;其次,工程特战任务部队向支援部队提供工程特战行动的行动方案和相关态势,以协商方式向支援方提出需求,如果时间允许,双方可就支援方式、支援时机、支援力度、支援持续时间等具体问题进行密切协商;再次,支援方根据工程特战任务部队提出的需求,结合自身的支援能力,制定支援方案,派出支援力量,实施支援行动;最后,当支援任务完成时,支援关系即行解除。考虑到工程特战任务紧急、敌情复杂,支援力量为更好地与任务部队协同配合,达成最佳支援效果,支援力量在实施支援的过程中也可暂由工程特战任务部队指挥。

协同是指各种作战力量共同遂行作战任务时,按照统一计划在行动上进行的协调配合。[1]协同的各个单位之间,互不具备强制指挥权,它们在作战行动上处于平等关系。工程特战往往与其他作战行动,如立体突击、并行攻击、精确打击、分割合围等同时展开,工程特战力量不仅需要组织好内部的协同,还需要与其他战斗编组围绕统一的作战意图,在时间、空间和目标上进行实时、精确的协同,有时甚至需要与他国的特种作战力量进行协同配合。比如在特种搜（排）爆时，就可能与前沿突击、火力打击等力量进行密切协同，进一步明确特种搜（排）爆的时机、地域、范围等内容，以便于前沿突击行动和火力打击行动的组织实施。抗美援朝战争中，美国海军水下爆破队在朝鲜主要执行拆除水雷、爆破和破坏运送补给的船只任务，并协同韩国突击队多次破袭朝鲜的铁路设备和桥梁，切断我军后勤补给。[①] 可以说，随着指挥通信系统的不断发展和完善，工程特战与其他作战行动的联系将越来越紧密，倘若工程特战指挥员忽视协同或不懂得如何协同，那么不仅可能将工程特战部队置于危险的境地，更可能导致任务失败。

2. 工程特战的指挥手段

指挥手段是指实施指挥所使用的各种装备、器材及方法的统称。[7]按功能和作用其可划分为情报获取手段、情报处理手段、信息传递手段和辅助决策手段。根据工程特战的特点，一般要求其指挥手段具备情报获取精确实时、情报处理自动快速、信息传递无缝链接、辅助决策智能高效等功能和特点。

1）精确实时的情报获取手段

情报获取手段是指用来获取情报信息的指挥手段。工程特战往往通过工程技术手段，快速、隐蔽、突然地对敌信息节点、指挥枢纽或者重要的工程目标实施侦察、打击或破坏。复杂恶劣的战场环境、危机重重的敌情顾虑和稍

---

① 张磊等译，《美军海豹特种部队》，中国人民解放军陆军参谋部，2016年9月，第30页。

纵即逝的作战时机,要求工程特战指挥员必须精确实时地掌握各种情报信息。随着各种侦察技术的发展和与其他技术的相互融合,极大提高了侦察手段的战术技术性能,能够帮助工程特战指挥员实现"战场透明",随时了解"我在哪里,敌人在哪里,目标在哪里;我在做什么,友邻在做什么,敌人在做什么"。

一是侦察监视工具与高性能的机动平台相结合,如侦察飞机和侦察卫星等,有效提高了侦察手段的快速部署能力和作用范围。二是光电、声电转换技术的发展,使光电侦察手段实现了从紫外、可见光到红外波段的情报信息获取,声呐的探测性能也明显提高。如工程特战部队在秘密排除水雷等障碍物时,可利用声呐系统精确掌握水雷等障碍物的位置。三是雷达探测技术迅速发展,使雷达成为最重要的侦察手段。目前,超视距、相控阵、合成孔径等技术体制雷达,能够探测数千千米以外的目标,同时跟踪数百个目标,而且具有极高的分辨率。如在对敌通信枢纽、电子作战装备等实施工程破袭时,可根据目标的电磁频谱、强度,通过雷达探测技术,精确定位目标位置。四是小型便携侦察工具,如全息夜视仪、头戴式光学投射系统、夜间观察系统、手持微波雷达地面监视系统等装备,质量轻、体积小、侦察效果好,是工程特战指挥员一线侦察、实时精确获取情报的重要手段。

2)自动快速的情报处理手段

情报处理手段是指用来对所获取的情报信息进行融合、整编、存储和显示的指挥手段。工程特战行动的突然性和高效性,以及随着信息技术在战争领域的广泛应用,使得作战指挥数据空前"爆棚",要求指挥员对实时收集的海量情报信息进行快速处理。

当前,以计算机技术为核心的情报信息融合人机系统,已经成为工程特战指挥员处理情报信息的重要手段。一方面,计算机情报数据库中存有及时更新的"海量"信息。当指挥员需要进行某类专题情报整理时,可以方便地从中调阅各种相关情报信息作为参考,显著提高了情报整理的时效性和准确性。比如,工程特战指挥员为了掌握行动地域的地形,可以直接从情报数据库中调取该地域的地形资料。另一方面,通过充分利用信息栅格技术、计算机网络技术和数据库技术的最新成果,能够支持大体量、多样式、高速度、全自动的信息处理。比如,在伊拉克战争中,美军担心巴格达东北部的一个水电站大坝会被巴格达复兴党人炸毁或泄洪,于是派遣一支特种作战部队占领该大坝,并排除其可能的爆炸物。由波兰突击队和美军海豹队员组成的特种作战部队在 C^4ISR 系统的支持下,每隔几分钟就可收到由信息分析处理人员根据最新情报所做出的新的战场态势报告,并在空军的支援下,顺利占领了该大坝。

3)无缝链接的信息传递手段

信息传递手段是指用来传递指挥信息的指挥手段。它在工程特战指挥系统中起着至关重要的作用,是其他各系统实现互联互通的"神经网络",是发挥工程特战指挥效能的"纽带"和保障工程特战行动顺利进行的"链条"。工程特战行动为获得信息优势,提高所有参战力量的快速反应和协同作战能力,需要各级信息系统与各类武器系统产生链接功能,并聚合成一个统一的整体,实现信息传递的无缝链接。通俗地说，即通过一定的信息传递手段，确保在正确的时间，将正确的信息以正确的形式传递到正确的接收者手中。

工程特战的指挥信息传递手段一般有以下几种：一是无线传递手段，如手持无线电收发机、无线电台、短脉冲群信息终端、车载战术视频接收终端等。它是利用无线电波传递信息的传递手段，具有建立迅速、便于机动、传输范围广、容易组建等优点，是工程特战指挥信息传递手段的主体。但该类手段主要依靠电磁波传递信息，一旦信号被敌人干扰、截获、测向，则极有可能对"孤军作战"的工程特战部队造成致命危险。二是网络传递手段，如战术互联网，其内部各网系通过互联网控制器，以"多元化"需求为牵引，利用陆基、空基和天基多种信息传输平台，采用逐段互联法和全网互联法两种不同的形式实现互联互通，网间用户可根据权限迅速准确地完成信息的传递。此外，利用网络传递手段，还可实现工程特战信息由传统的语音信息的传递向文字、图形、影像等视觉信息的转变，最大限度地发挥信息优势。

4）智能高效的辅助决策手段

辅助决策手段，主要是指辅助指挥人员对各种信息进行数量计算或逻辑推理的指挥手段，包括用于辅助计算或推理的工具器材，也包括运用这种工具器材的计算方法或推理方法。信息化战争中的工程特战作战指挥所需的情报激增，而深入敌后、战斗激烈、战场态势变化剧烈、战机稍纵即逝等特点，导致指挥员决策的时间大幅压缩，情报与决策的矛盾更加突出。因此，在工程特战指挥中，辅助决策系统显得尤其重要,它依靠计算机超量的数据存储能力和超强的数据处理能力,可以实现查询背景材料、分析判断情况、列举可能方案、鉴定态势、优选方案,向指挥员提供可选择的作战方案及预期结果等功能。并通过良好的人机界面,把整个战场态势综合、动态地表现出来,为工程特战指挥员进行指挥决策提供有力的支持。

工程特战计算机辅助决策手段一般包括交互系统、辅助决策系统、存储系统、作战模拟系统和评估系统。交互系统是实现工程特战指挥员与辅助决策系统对话的系统,它主要是告诉指挥员辅助决策系统的功能和如何实现对某个问题的决策等。辅助决策系统通过交互系统不断地询问工程特战指挥员需要解决什么问题,如获取工程目标的相关数据、渗透的路线、工程破袭的位置和装药量计算等,从而实现"人—机"高度结合。存储系统主要是存储用于进行辅助决策的数据、模型的系统,主要包括数据库、模型库和方案库等。其中,数据库负责存储和提供工程特战决策所需要的各种数据,如工程特战的战法,工程特战装备的参数、性能等;模型库负责存储与提供合适的辅助决策模型,如工程侦察计算模型、各种目标(如舰艇、桥梁、水库、港口等)的爆破模型等;方案库则负责存储与提供工程特战各种作战方案、各种战例方案或经过模拟、演练、推演过的作战预案,以便工程特战指挥员在决策过程中检索、选择相近的作战方案,修订后即可作为自身工程特战的行动方案,并迅速做出决策。作战模拟系统是根据工程特战任务和战场具体情况,选择适合工程特战指挥需要的数学模型,对输入的工程特战方案进行动态推演模拟,最后输出推演结果的系统。作战模拟系统通过对工程特战方案进行全面或局部的模拟推演，为指挥员进行正确的作战决策提供了一种极其高效的实验手段。评估系统主要是对所制定的各种备选作战预案的优点与不足进行评定与估价，评估各个备选方案符合作战目标要求的程度、作战效益和风险度的大小、与战场情况及其可能变化相适应的程度等。同时，评估系统还能对部队执行任务的情况进行评估，即根据所收集到的反馈情况，对所下达的命令和工程特战结果进行效果评估，使指挥员能够根据评估结果修订方案和计划。如当工程破袭时，一旦第一次破袭失败，指挥员可根据破袭效果评估和敌情等情况，迅速制定下一步的行动方案。

（三）工程特战指挥的基本流程

现行《军语》并没有对"指挥流程"这一概念做出明确的定义。根据《作战指挥论》的观点，"指挥流程既不是对原有的作战指挥程序的概念替换，也不仅仅指作战指挥信息的流动，它包括两方面的含义：一是作战指挥信息的流动，二是作战指挥工作的程序。这两个方面的有机结合，就是作战指挥流程。如果要用定义这种形式来反映作战指挥流程的话，可以下这样一个定义：作战指挥流程，是指挥员从获取情报、处理、利用到效能评估的一系列相互关联或相互作用的活动，完成一系列作战指挥工作的逻辑顺序和基本步骤。"[5]工程特战指挥的基本流程通常包括掌握情况、定下决心、计划组织和控制协调等活动。

1. 掌握情况

掌握情况，是指对指挥活动所需的有关情况的获取、研究和处理。这既是工程特战指挥流程的基本内容,也是工程特战指挥运筹谋划、计划组织和控制协调的前提和基础,是工程特战指挥员及其指挥机关的首要任务。

1) 主要内容

掌握情况的主要内容包括以下几方面:一是敌情。其主要包括搜集获取敌方有关军事、政治、经济、外交等战略情报;敌方作战力量构成、作战能力、当前态势、作战企图、可能行动等重要情报,特别是要实时、详细地掌握工程特战目标的位置、性质、结构,敌军的防卫措施、活动规律和可能的发展变化等情况。二是我情。其包括上级意图、工程特战任务、参战力量编成、作战及支援保障能力,以及与工程特战有关的其他情况。三是战场环境。其主要包括作战地区的地形、天候、民俗、社会等情况,以及对工程特战行动的影响。如地形对工程特战部队机动、隐蔽、观察、行动和撤离的影响,机场、码头、港口的设施和功能,预定作战时间段的气温湿度、风向风力、风雪雨雾及海浪、潮汐等情况,当地居民对我军的政治态度等。

2) 程序方法

第一步,搜集整编。其是指汇集各种来源的信息资料,并加以初步核对、筛选、分类和存储的活动。情况的搜集是掌握情况的基础,是连续不断的完整过程。受领任务后,应在已掌握情况的基础上,进一步展开情况搜集工作。主要是明确搜集内容、制定侦察计划、组织实施侦察、对搜集的情况进行整编等。

第二步,分析处理。其是在搜集整编的基础上一个综合的且极具创造性的思维过程,是判断情报资料真伪、价值高低的基本手段。工程特战经常面临情报不确定、数据不准确或不完整、作战进程多变等情况，只有按照正确的方法和步骤分析判断情况，才能保障工程特战的需要。分析判断情况，应充分利用信息化情报处理系统，发挥专业情报分析人员的作用，对收集掌握的情报信息进行分析、比较、引证和技术鉴别，弄清来源，核实内容，明确原委，找准实质，评估价值，剔除虚假，保留真实，及时分发并提供给指挥用户。

2. 定下决心

工程特战决心，是工程特战指挥员对作战目的和行动等做出的基本决定，是工程特战指挥流程中最主要的内容。工程特战指挥员应依据战略、战役意图和上级的要求，结合工程特战特点，及时定下决心，并报上级审批。

1）主要内容

工程特战决心的内容通常包括作战企图和任务、主要作战目标、工程特战力量编组及部署、工程特战的行动方法等。

（1）确定工程特战作战企图。工程特战作战企图是组织实施特种作战所要达到的目的。工程特战作战企图必须符合上级的总意图，在表述上应简明扼要，易于理解贯彻，切忌含糊不清。当上级已经明确工程特战企图时，决心只须明确如何实现企图。工程特战企图一般有以下几点：获取敌指挥所、阵地工事、障碍设置、交通设施等目标的准确信息，为指挥员定下决心和部队行动提供支撑和依据；破袭敌指挥所、机场、港口、码头和后方补给、交通运输等目标，瘫痪敌人的作战体系；秘密渗透、排除前沿和敌防区内的雷场等障碍物，为部队行动创造有利条件等。

（2）明确工程特战作战任务。工程特战作战任务，是工程特战行动的基本依据。在筹划工程特战过程中，指挥员应当根据上级意图和要求、自身的作战能力、敌情和战场环境、支援保障能力等，从总体上明确工程特战任务。明确工程特战任务，既要立足战略、战役全局，紧紧围绕实现上级意图、达成整体作战目的，充分考虑战略、战役行动的特殊需要，在全面、客观地分析判断敌我情况的基础上，赋予部队任务；又要与任务部队的作战能力相适应，根据任务部队的兵力规模、体制编制、武器装备、训练水平、作战能力、思想状况等实际，正确分析完成任务的有利条件和不利因素，充分发挥其特长。同时，其既要赋予特殊任务，又要考虑其作战能力，并适当留有余地。

（3）选择工程特战主要作战目标。正确选择工程特战主要作战目标，是工程特战决心的重要内容。指挥员应当根据作战任务、战场态势及发展、敌目标的价值、任务部队的作战能力等因素，正确确定作战目标的种类、数量，以及行动的方式和方法。选择特种作战目标，既要根据战略、战役全局的需要，选择有重大影响的目标（这些目标，通常在敌作战体系中起支撑、纽带和稳定作用）；又要针对作战对象的强弱点，从强处着眼、弱处着手，选择便于我军快速得手、创造有利战场态势的目标。特殊情况下，当战略、战役需要选择作战目标时，即使一时很难找到敌人强点中的薄弱部位，也要积极主动，通过欺骗、佯动等行动造成敌兵力分散，目标空虚，为工程特战目标的选择创造条件。

（4）确定工程特战力量编组及部署。与其他作战力量相比，工程特战兵力相对较少，如何正确编组工程特战力量，对于最大限度地发挥其作用具有重要意义。指挥员应当根据工程特战任务、作战目标和战场条件等因素，对工程特战力量进行合理编组。编组工程特战力量，首先是突出重点，充分考虑主要方向或主要任务的需要，将主力集中使用于主要方向，完成主要任务；其次是便于相对独立作战，使工程特战编组结构合理，具有很强的战场生存和自我保障能力；最后是便于指挥协同，尽量照顾平时的建制，保持其相对完整性，根据任务编入相应的保障力量，特别是通信力量，并适当减少指挥层次。

（5）工程特战的行动方法。根据工程特战的任务不同，其行动方法可分为工程侦察行动方法、工程破袭行动方法、特种工程佯动方法等。其中，工程破袭行动方法可分为声东击西法、向心破袭法、游动破袭法、立体破袭法、多点破袭法等。

2）程序方法

定下工程特战决心，是工程特战指挥员的基本职责，也是一个复杂、艰难的过程，必须做到目标明确、方法得当和决策果断。通常按照了解任务、判断情况、听取指挥机关和下级指挥员的意见、对多种决心方案进行比较评估和选优的程序进行。

第一步，了解任务。工程特战指挥员应依据上级指挥员总体作战意图和作战任务、主要行动的需要等，全面系统地了解工程特战在整个作战中的基本任务。其内容包括：上级的任务和作战意图，本级的任务和在完成上级作战任务中的地位作用，配属与支援的兵力、兵器等数量与任务，完成作战准备的时限等。

第二步，判断情况。工程特战指挥员应对所掌握的各方面情况进行综合分析，判明与完成作战任务有关的各种有利与不利的条件与因素，及其对作战行动的影响，形成情况判断结论。主要包括：敌情、我情和战场环境等。

第三步，听取决心建议。工程特战指挥员应适时听取指挥机关和下级的决心建议，进一步分析判断情况，充分了解指挥机关对作战行动的预想和安排，并就一些重难点问题进行深入分析，提出完善防范措施。听取决心建议，可以采取会议研讨、沙盘推演等方式进行。条件允许时，可对决心建议进行计算机仿真实验，对行动的方法、胜算、风险等进行评估论证。

第四步，做出决断。根据听取的决心建议和计算机的模拟仿真或评估论证，工程特战指挥员应及时果断地做出决断，定下决心。

3. 计划组织

工程特战计划组织，包括计划和组织两项内容，是实现工程特战决心的基础和保证。

1）主要内容

工程特战计划，是指挥员及其指挥机关对工程特战准备以及实施所进行的一系列预先设计和安排，是指挥员决心内容的具体化，是组织指挥工程特战的依据。

计划工作是工程特战指挥机关的重要职责。其实质是在科学利用时间、合理安排内容的基础上，围绕兵力部署、战法运用、运输投送、战场撤离、各项保障等，制订详尽的计划,为组织实施工程特战提供基本依据。其主要包括行动计划、协同计划、输送计划、撤离计划、作战保障计划、后勤及装备保障计划等。如,工程特战的行动计划主要内容有:情况判断结论,上级意图和本级作战任务,各种力量的编组、配置和任务,各阶段情况预想及行动方案,协同有关事项,保障措施,指挥的组织方式,作战的起止时间和准备时限等。

组织工作是工程特战指挥机关的基本职责。工程特战组织工作则是优化组合各种作战力量,合理部署作战行动的各项措施,主要内容包括:组织拟制与下达作战命令,组织编组各种作战力量,组织作战协同、保障,组织部队做好临战准备等。

2)程序方法

工程特战计划组织是在工程特战指挥员指导下,由指挥机关进行的战时作业。工程特战计划组织应以上级的命令和指示、工程特战决心、各参战力量的实际情况、作战地区的战场环境条件为依据展开实施。通常应遵循下列程序与方法。

第一步,领会作战意图。作战意图集中反映了指挥员的作战指导思想和作战目的,具体表现为决策内容。认真领会作战意图,准确把握决策内容,才能使作战计划组织正确地反映指挥员的意图。领会作战意图,除了认真领会上级赋予工程特战的任务、完成的时限、要求外,还要特别注意站在全局的高度考虑问题,使计划组织符合总的作战意图。准确把握决策内容,就是要深入了解决策所规定的作战任务和目标、作战力量的运用、采取的主要战法、主要部署以及组织各种保障的要求等。对决策内容的掌握必须准确,当有的内容不清楚时,应主动向首长请示,不得自以为是,凭想当然制订计划。

第二步,制订、完善各种计划。首先是客观分析情况。掌握充分的资料,正确分析判断情况,是做好计划组织工作的前提。工程特战计划组织工作,不仅要着重研究敌我双方的军事情况,还要分析双方政治、经济、社会和自然地理环境方面的情况。对敌情资料的分析判断,不仅要准确掌握敌人当前的态势和工程特战目标的情况,还要分析和预见其可能的发展变化。要坚持用联系、发展的观点分析研究情况,做到客观、全面、深入,切忌主观片面和表面化。其次是划分作战阶段。在客观分析判断情况的基础上,指挥机关应对特种作战阶段进行科学划分,按作战时间和空间进行行动设计。作战阶段划分和行动方案的设计,应根据工程特战任务、规模大小而定,考虑多种情况的变化和影响,立足复杂、困难情况,在确定一个基本方案的同时,要多考虑几种应急方案,做到有备无患。再次是合理分配资源。分配各种资源时,要注意把需求与可能结合起来,根据资源总量、任务和各部队的实际情况,计算完成各项任务所需的兵力、兵器、物资和时间、空间。在确保重点的前提下,区分轻重缓急,科学分配资源并留有余地,使有限的资源发挥最大的效用。基本作战方案和资源配置确定后,应迅速完成各分支计划内容的拟制。最后是适时修改、完善。作战计划拟制完成后,要根据情况的变化和对工程特战认识的深入,在图上、沙盘上、计算机上或现地进行研究修改,直至整个作战计划付诸实施。根据拟制计划的时间、条件和上级要求，作战计划可以采取文字叙述式、地图注记式，也可以采取表格、要图和文字综合式。必要时，还可以利用多媒体技术制成图文并茂、形象直观的音像式计划文书。

第三步，组织力量部署、协同和各项保障。首先是拟制和下达作战命令，组织建立工程特战部署，明确所属部队的作战任务、力量编成、主要行动方法、空间位置和时间要求。下达命令要准确、迅速、简明和保密，要采取多种手段下达。同时，要督促部队按命令进入指定位置，建立工程特战部署。其次是组织工程特战协同和各种保障。在制订协同计划和保障计划的基础上，要及时组织工程特战协同和各种保障。组织工程特战协同，通常由上级或本级指挥员组织，根据制订的协同计划，以会议或指令的形式，主要明确协同事项、组织、时间、地点、目标、关系、方法及有关规定和原则等。组织各种保障，通常以下达指示的形式明确保障任务，主要明确保障力量的组织与配置、保障的对象与任务、保障重点与保障方法等。

第四步，指导部队做好临战准备。临战准备是完成作战任务的基础。任务部队的临战准备，必须根据担负的工程特战任务，在平时战备的基础上，针对当时的敌情、地形和作战需要等实际情况快速展开，周密而充分地进行。其主要内容包括组织临战训练、进行政治动员、组织各项保障等。工程特战指挥员及其指挥机关应当加强指导和检查。

4. 控制协调

工程特战控制协调是指对战场情况的监视和对工程特

战行动的督促、指导、控制、协调、调整的活动,是工程特战指挥最活跃的工作,具有控制协调节奏快、力量分散、对抗激烈、连续实施困难等特点。通常情况下,工程特战指挥的控制协调包括下达指令、追踪反馈、纠偏调控等一系列活动,可确保作战行动达成既定目标。

1) 主要内容

(1) 督导部队展开。工程特战行动开始后,指挥各编组完成战前准备,进入待命状态;按时发出行动命令,督导各编组按既定计划向预定目标实施渗透行动;当作战计划调整时,及时督导部队调整行动路线、速度,改变作战行动方法;当作战完成或不得不撤出战斗时,及时督导各编组撤离战场,进入指定安全地域。

(2) 掌握战场情况。工程特战指挥员及其指挥机关必须充分利用各种力量和手段,及时、准确、全面、不间断地掌握战场情况的发展变化,夺取战场制情报信息权和指挥上的主动权。重点掌握各编组的行动进展情况、敌方作战目标变化以及影响工程特战行动的兵力调动和部署变化等情况。掌握情况应把握全局、突出重点,采取一切可能的措施与行动,紧紧围绕主要方向、主要目标、关键作战节点,全面而有重点地掌握战场动态,特别要严密监视对工程特战任务部队构成主要威胁的敌人的动态变化。对已经掌握了的情况,指挥员应组织利用各种侦察手段查证核实,并按情况的轻重缓急做出处置。同时,还要采取积极有效的措施做好反侦察工作。

(3) 处置各种情况。指挥员及其指挥机关要及时、灵活、果断地处置各种突发情况,做到通观全局,快速反应,以赢得作战主动，夺取作战胜利。当战场态势发展不利于工程特战行动时，如遇到渗透中困难估计不足而无法接近目标，行动暴露遭敌围歼，天气异常严重影响作战行动，行动受阻需要提前撤离等情况时，指挥员及其指挥机关更要冷静、沉着应对，及时调整行动计划，或请示上级支援，尽可能地化被动为主动，尽可能地减少损失。当工程特战行动进展顺利时，也要保持冷静，及时指挥部队扩大战果，或转换任务，或及时撤离。

信息化战争中，工程特战行动过程中的不确定因素增多，极易出现各种意外情况。对此，指挥员及其指挥机关应加强情报信息收集工作。控制协调阶段一旦出现意外情况，指挥员应迅速做出客观判断与决策，根据上级意图和特种作战的任务需要，按照适时调控、重点调控和灵活调控的要求，迅速果断地进行处置，确保完成任务。

2）程序方法

工程特战控制协调主要采取目标协调、计划协调和随机协调三种方法。

（1）目标协调法。目标协调法就是围绕工程特战目标，对各战斗编组进行协调控制的方法。也就是用目标状态引导控制各战斗编组的行动，并最终消除现实状态与目标状态之间的差异，从而实现目标。作战中，指挥员通过判断作战行动与作战目标之间的吻合程度、实现程度，分析现状与预期结果之间的差距与偏差，来督导、调控各编组的行动，不至于偏失目标或不能快速达成目标。

（2）计划协调法。计划协调法就是以作战计划为依据对工程特战行动进行控制协调的方法。这是工程特战控制协调的常用方法。工程特战中，指挥员通过判断行动的快慢、执行任务的多少等情况，通过与预期计划的要求做比较，找出行动与计划间的偏差，并分析偏差的原因，进而对任务部队进行调控。

（3）随机协调法。随机协调法就是根据战场实际情况随机下达指令，对工程特战进行控制协调的方法，通常在作战进程及作战情况的发展超出了作战计划的范围时使用。指挥员要根据工程特战情况的发展变化，掌握其变化的征候，进行分析判断，对战场情况迅速进行处置。

第六章　工程特战装备发展需求

由于工程特战具有作战任务多样、作战环境险恶、指挥协同困难、支援保障复杂、时效性要求高等特点，因此其对工程特战部队的作战能力有着很高的要求。高性能的武器装备，作为工程特战部队作战能力的重要组成部分，对工程特战行动能否顺利完成有着显著影响。因此，必须根据工程特战部队遂行任务需要，做到优先、超强、及时、可靠的装备保障。为了使工程特战部队在执行作战任务时更迅速、更隐蔽、更精确，提高战场存活力和杀伤力，因此对武器装备体积、质量、效用、性能、功能、操作、携带、机动等方面必然有新的需求。

一、感知装备

工程特战与正规作战相比具有作战行动主动性大的特点。无论是在作战空间、作战时间方面，还是在作战规模方面，都具有较大的主动性，能否争取作战的主动在很大程度上取决于能否在情报信息上对敌形成不对等优势。使工程特战部队作战时获得全天候、全天时、网络化的态势感知能力以全面把握战场态势，从而为最终赢得作战的胜利获取更多的制胜筹码。因此,必须配备多频谱侦测、数据化处理、立体化呈现的感知装备,才能保证情报获取、传递的高效、及时、准确。

首先,实施工程特战通常需要大量的目标信息,比如在遂行破袭任务时需要查明破袭目标的性质、位置及其关键部位,接近路线、目标数量及其相互关系,目标周围的敌情及其反侦察措施等;跟踪监视破袭目标的动态,包括目标周围敌情的发展变化等情况;了解作战地区的有关地理、气象、水文、社情等情况。而这些信息的获取必须依靠多频谱侦察装备来完成。在信息获取时可以使用无人侦察机获取敌人的目标信息,还可通过投放感应器等侦察设备来获取敌人的部队动向等。如美军"龙眼"无人机重4.5千克,2名士兵即可携带并使用橡皮筋或投掷发射。起飞后,它将按照事先设置的GPS路径飞行。一旦进入目标区域,"龙眼"无人机就会使用自身携带的传感器收集信息,并将侦察图片传回地面控制站。这种小型无人机提供的实时侦察信息可供指挥员对敌军进行探测和识别,以减少派出人员进行侦察可能遇到的风险。此外,美军特种部队装备的一种新型战术录像系统,可使高层指挥决策机构能够同步获取战场图像,并能立即将打击目标的战斗损伤评估或录像提供给正在战斗的特种作战队员,增强了信息获取的直观性、准确性和快速性,这些装备的运用能够大大提高工程特战部队的战场感知能力。

其次,虽然工程特战部队自身能够获取敌方的重要情报,但由于自身侦察距离近、范围小,因此其作战行动必须得到上级及时可靠的情报支援。根据工程特战需要,上级可充分利用航天、航空、技术侦察等高技术侦察手段，为工程特战部队提供全面而又详尽的相关情报；密切跟踪监视敌情的发展变化，适时捕捉最新信息，准确分析判断，不断进行补充通报；此时，就需要建立稳定、可靠的情报信息传输网络，必要时建立专向保障线路，确保情报传递畅通；对所获取的情报信息进行集中归口处理，提高情报的时效性、准确性和利用率。为此，工程特战部队必须配备数据化信息装备以保证能够从上级实时获取最新、最准、最细的战场态势。比如，在渗透阶段，工程特战部队可以通过这些装备获取进入方向敌空海警戒、敌反渗透兵力和预定潜伏区域敌设防情况等动态信息；在组织夺控时，获取特定目标防守兵力、内容构成、攻击路线和主要弱点等情况，以保证能够进得去、站得住、破得开。

二、指控装备

工程特战，参战的力量多，作战的空间广，为确保指挥的高效、稳定、及时与不间断，采用先进的指挥手段显得尤其重要。近期几场局部战争表明，如果没有集指挥、控制、通信、计算机、情报监视与侦察一体化的指挥网络系统作保障，那么指挥的高效与稳定就无从谈起。工程特战部队作为工程特战的实施者必须配备具备远距离传输、高度保密和智能化辅助决策能力的指控装备，才能及时收集、融合和共享信息，快速实现更好的决策。

首先，决策指挥高效灵敏是工程特战作战指挥的基本特点，工程特战战场环境特殊，作战对手特殊，任务性质特殊，作战目的特殊，作战手段和方式特殊，这就要求在工程特战部队的使用和工程特战目标、工程特战时机等重大问题的运筹谋划上，必须由较高的指挥层次以集中决策方式进行。但由于战场情况的突然性，工程特战行动中情况的突发性，必须根据工程特战需要，配备传输距离远、稳定性强的指控装备。如美军特种部队配备的能远距即时上传或下载信息及影像的保密无线卫星通信设备，它体积较小且难以破解，如有必要可就地丢弃。这些指控装备既是工程特战指挥员指挥作战的重要手段，又是工程特战部队与其他支援、保障部队联系的桥梁和纽带，以此建立稳定、可靠、不间断的通信联络，以适应瞬息万变的战场情况，同时这些装备应具有较强的电磁防护能力，确保在复杂电磁环境下能够正常运行，通信内容不被敌人截获，为工程特战部队隐蔽突然地达成作战目的创造条件。

其次，工程特战行动应构建可供各作战力量使用的远程和近程相结合的保密通信网，建成一体化程度高、兼容性强的指挥、控制、通信与计算机系统；构成横向到边、纵向到底的高效战场指挥控制信息网络。各作战力量在这个网络中构成各种信息的相互支援关系，实现"无缝隙"沟通与战场资源共享，以极大地减少中间环节，使"发现目标—判断—决策—实施打击"的周期大大缩短。因此，必须根据工程特战需要，配备与其相适应的智能辅助决策的指控装备。比如，美国国防研究机构正在研究一种数字化战场系统，这种系统可把士兵都变成在情报收集方面整个军队大网络下的一个节点，与头盔护镜显示屏相连，设置在步枪瞄准器上的网络摄影机可使士兵清晰地观察环境，并可同与系统相连的其他人共享信息。因为每名士兵都具有自动收集并传递信息的能力,从而指挥员就可以获得战场上的第一手资料,然后采取相应的作战对策。

三、搜排爆装备

工程特战通常用于关键时刻或不便于使用其他手段的重要时机。要达到行动干净利落,提高成功的可能性,有赖于行动路线的隐蔽性和突然性,只有这样才能扰乱敌人的指挥控制,延缓对方的反应时间,降低其高技术武器装备的反击效能,产生强烈的心理震撼,使己方战斗力瞬间形成优势,从而实现在兵力、兵器、精力和时间上以小的代价达成最大的胜利。

工程特战行动主要在敌纵深实施,针对的目标又多为敌重点防卫的重要工程目标,如指挥所、大型桥梁、交通节点等,通常情况下距离远,不太可能直接投送到目标位置,必要时需要采取海、陆、空等多种机动方式,机动路线长,同时敌情顾虑大,导致行动环境高度复杂。比如,爆炸性障碍物由于设置简便、威力大、震慑作用强等特点,在防卫作战中得到了非常广泛的运用,工程特战部队在遂行任务时,遇到爆炸性障碍物的可能性相当高。在参与上级组织的联合特种侦察时也可能需要排除任务路线上的爆炸性障碍物,在夺控重要目标时需要排除目标周边的爆炸性障碍物等,因此必须配备小型多能、续航力强、灵敏度高的搜排爆装备,以应对各种搜排爆的需求。我国经过长期努力,在搜排爆器材的研制上取得了长足的进展,但是鉴于工程特战行动的特殊要求,在性能上还有较大的提升空间。例如,研究双极性脉冲电磁感应探雷技术,提高探测灵敏度；在目前我国已有的成像探雷器基础上减小体积，降低重量和功耗；采取辅助目标识别算法，有效地区分地雷与金属碎片，大大降低虚警；采用一体化、折叠式设计，减轻装备质量等。

四、爆破装备

精兵是由工程特战的特殊任务决定的。工程特战行动为了保证部队可以灵活地渗透、向目标运动、在目标区采取行动、退却和撤出战斗，以用不对等的人员素质和武器装备实施不对称作战，给敌出其不意的打击，在力量上通常不刻意追求兵力和火力的数量，不需要在整体上对敌形成压倒性优势，只求在适当的时机、适当的地点投入精巧力量，在较短时间内达到工程特战目的即可。同时，地爆装备作为工程特战遂行任务的重要支撑，在遂行任务过程中不可或缺。基于以上两点，兵力的限制及地爆装备数量和质量上的高需求决定了工程特战部队必须装备适应性强、便携高能、设置简便的地爆装备才能保证各项任务的顺利完成。

首先，在遂行特种破袭任务时，工程特战部队需要潜入敌纵深，以奇袭的方式破坏敌指挥控制中心、导弹发射阵地、机场、仓库、防御设施及交通枢纽等重要目标，直接达成特定战略战役目的或为战略战役行动创造有利条件。爆破时需要针对不同的目标，根据其结构、材质、体积的大小决定爆破器材的放置位置及使用药量。普通的TNT药块存在形状固定、放置困难等缺点，在破袭时有可能影响作业速度和作业效果，因此必须携带操作更加简便灵活的爆破器材。比如，美军 M112 型爆破装药由 567 克 C4 炸药组成，采用聚酯薄膜包装，其中一个面上有压力敏感性胶带，以方便装药安置。M112 爆破炸药的胶带在 0℃ 以上时可黏附在任何相对平滑、干燥的物体表面。此外，它还可以裁截成任意形状，或从聚酯薄膜中取出，用手捏成合适的形状。

其次，夺控重要目标时，在夺取目标的基础上还要对目标进行控制，兵力、火力的限制决定了工程特战部队必须依托快速设置爆炸性障碍物的方法提升目标控制的能力。因此，必须配备适应性强、便携高能、设置简便的爆破装备。比如，我军的 GLD150 型防步兵定向雷，地雷爆炸后钢珠定向飞散杀伤敌步兵，内装钢珠约 710 粒，密集飞散角为 50°，最大飞散角为 120°，密集杀伤距离为 20～55 米，有效杀伤距离为 80 米。该雷可设置为绊发式和遥控式，一旦设定，方向就不能改变，为了适应复杂的战场情况，可将其改造为可自动寻的、自主调整角度的智能地雷，提高其杀伤效果。

五、单兵战斗装备

工程特战的本质特性决定了其主要行动是在敌纵深实施，作战环境极其复杂，情况变化难以预测，具有很大的危险性。比如，遂行工程破袭任务时，主要以爆破敌指挥所等要害工程目标为主，而敌方的要害工程目标，通常有严密保护和防守。工程特战部队在敌纵深行动，既没有后方作为依托，在遇到计划外的突发情况时，往往又难以得到及时、持续和有效的兵力、火力、装备及后勤支援保障，部队行动将面临巨大的风险和不确定性。因此必须配备好操作、高防护、体系化的单兵战斗装备,以提高工程特战部队的战场生存能力。

首先,遂行工程特战任务时很难保证完全不与敌接触,尤其是部队完成任务后,敌方重要目标遭到攻击,往往会迅速组织兵力火力支援,工程特战部队通常应立即与敌脱离接触,快速组织回撤,防止遭敌方围追堵截而陷于被动挨打甚至被敌方切断退路的危险境地,即便如此,小规模交火的可能性也比较大。因此,必须配备好操作的单兵战斗装备,以保证即使在兵力对等的情况下也能快速形成对敌的绝对优势。比如,美军"尾刺"地对空导弹可用于打击低空和超低空飞行的各种飞机。15.65千克的战斗全重便于单兵携带,同时具有全向攻击能力和"打了不用管"的优点,单发毁伤概率为75%;美军"陶式"反坦克导弹初速为65米/秒、破甲厚度为1030毫米、射速为3发/分钟、固定目标命中率为90%、运动目标命中率为75%、制导方式为目视瞄准、红外自动跟踪。这些装备的运用使得工程特战部队即使面对敌方武装直升机、装甲目标等重火力时也能游刃有余,大大提高战场生存能力。

其次,除了配备各种高性能的单兵战斗装备外,工程特战部队还必须配备各种实用的辅助战斗装备,如先进的通信监听器、目标指示器、GPS卫星定位设备、防弹头盔、护目镜、防弹衣、战术手套、信号灯、水袋、医疗包等,这些装备功能各异,但无一例外都是工程特战部队不可或缺的随身装备,与作战装备构成了体系化单兵战斗装备。比如,英军特别空勤团配有最新式的夜间热成像侦察仪,外表像一个唢呐，可确定3000米外的建筑物内是否有人存在；美军模块化集成通信头盔（moduler integrated communication helmet，MICH）较高的帽檐可为战斗人员提供更宽广的视野，卧倒时仍然能对目标进行打击，同时能抵抗以442米/秒速度飞行的口径为9毫米子弹的垂直射入；美军杜邦突击队员防弹衣比军队使用的防弹衣轻，可选的胸板可以抵抗7.62毫米霞弹枪的多次射击；美军单兵急救包（individual first aid kit，IFAK）包含创伤急救包、轻微创伤急救包、单手止血带、8毫克碘净水片等8种医疗器材，挽救了伊拉克战场上不少伤口严重出血的美军伤员。这些装备的配备可以使工程特战部队真正"武装到牙齿"，极大增强战场防护与急救能力。

第七章 工程特战发展趋势

随着高新技术在军事领域的广泛应用，武器装备信息化程度不断提高，战争形态正逐步向信息化深度演进。工程特战的实践虽然历史悠久，但从来没有像在信息化战争中发展这么迅速，扮演的角色这么重要，发挥的作用这么巨大。综观近期局部战争、武装冲突和非战争军事行动，工程特战以独特的方式、出色的战绩，充分展示了其重要价值，成为影响战争进程和行动结局的重要手段。当前，各国军队纷纷借助信息技术的发展，加强工程特战力量建设，深化工程特战理论研究和实践探索，工程特战步入了加速发展的"快车道"。深入研究信息化局部战争中工程特战的发展趋势，对于把握工程特战制胜规律，指导工程特战力量发展建设，应对多元化安全威胁，完成多样化军事任务，打赢信息化局部战争，具有十分重要的意义。

一、内聚融合

在网络化的信息系统支撑下，工程特战各要素、单元、系统之间建立起更加安全可靠、实时顺畅的信息渠道，工程特战行动越来越体现出显著的联合性，工程特战力量可根据任务随机调整力量组合形式，向"力量聚合、融合编组"方向发展。

一方面，作战要素一体融合。作战要素，是指构成作战单元或某一作战系统的必要因素，通常包括指挥控制、侦察情报、火力打击、信息对抗，以及机动、防护和保障等要素。信息化局部战争中，工程特战各要素尽管主要采取分散配置的方式，但在网络系统支撑下，各要素之间将逐步实现整体联动、同频共振、有效聚合。例如，工程兵在遂行特种工程破袭时，可携带卫星定位仪、北斗手持机、激光指示器、聚能炸药等深入敌后，在实时调阅战术卫星侦察画面，搜寻特战工程破袭目标的同时，可实时根据任务的时限、目标的远近、目标周围防卫情况等，采取引导打击或抵近爆破等方法，尽可能实现"发现即打击、打击即摧毁"，确保按时完成任务。随着信息技术的快速发展，未来战争中工程特战各要素之间的联合将进一步突破时间和空间的限制，最终实现各作战要素的一体融合。

另一方面，作战单元一体联合。作战单元是指由同一层次的不同作战要素组成、能在一定范围内独立遂行作战任务的作战单位，包括各种作战编组和具有单独遂行作战任务能力的建制单位。

随着科学技术的不断发展，信息化局部战争战场情况将更加复杂，运用的新技术、新手段也越来越多，这就要求工程特战力量不仅必须具备很强的作战能力，而且要具有相关专业知识。由于科学技术的不断细化分化，工程兵部队也好，特种部队也罢，任何一个兵种均不可能精通工程特战所需的所有专业化知识。因此，工程特战力量必将由不同的专业人员编成，如特种作战队员、材料学专家、工程结构学专家、炸药专家、遥控专家等，其作战单元更加多元融合。例如，伊拉克战争中的一个美军特战小组，9 名队员的平均年龄为 33 岁，均由作战、工程、侦察、通信、兵器、医疗等某一专业领域的人员组成，军士以上人员都能说流利的阿拉伯语，通晓伊拉克人文、地理、宗教和经济等方面的情况；同时，还具有扎实的心理战、军事地理和气象、化工等方面的知识。这就能保证工程特战力量在敌后遂行工程特战任务时，有效地解决敌后作战面临的各种困难。比如，在担负秘密排除简易爆炸物、爆破敌方重要目标等重任时，工程特战力量能够在恶劣的环境中判断方向、气象，能够与当地民众进行有效的交流和沟通，较好地处理与反政府武装、地方武装和民众之间的关系，高效组织策反活动，运用心理战瓦解敌军，极大地提升工程特战效率。

另外，随着信息网络技术的发展，信息能够迅速广泛地在全球范围内共享。除吸收各种专业化人才、直接参与工程特战行动外，信息网络技术还可以在不违反保密要求和作战规则的情况下，广泛发动全国专业院校、科研院所、各类智库甚至是普通网民的力量，对行动方法、行动手段、工程技术运用等征求专业化的意见，使他们成为"人民战争"式的工程特战力量，实现深层次的军民融合，在大众化专业力量的意见建议支撑辅助下，迅速高效地形成工程特战的行动方案计划，有力地支撑工程特战行动。

二、实时高效

随着以信息化技术为核心的网络化指挥信息系统的运用，以及各军兵种指挥信息系统的互联互通，工程特战指挥体系将不断完善，工程特战指挥的指挥系统、指挥机构、指挥周期和指挥决策都将朝着"实时高效"的方向发展。

一是指挥系统日趋网络化。信息化局部战争中工程特战空间广阔，规模有限，工程特战分队将分散、秘密地部署在敌我作战前沿及纵深后方，执行特种工程侦察、特种工程破袭等动态性强的作战任务，从而导致作战指挥范围增大，信息需求矛盾日益突出。在信息网络支撑下，工程特战指挥系统将以计算机网络为核心，集指挥、控制、通信、情报和武器系统自动控制等功能于一体，组成纵横交错的指挥系统网络。在未来的工程特战行动中，战略、战役、战术等不同层级的指挥机构同步共享行动现场信息，进行实时高效的决策将成为工程特战指挥系统网络化的典型表现。例如，工程兵在对敌指挥机构实施特种工程破袭时，战役甚至是战略指挥员将通过单兵可视系统、卫星传输系统、视频显示系统等，共享现场信息，实现实时精确指挥。未来工程特战指挥系统网络化将主要表现在以下三个方面：以网络为重点，逐步实现指挥跨度扁平；以节点为核心，逐渐形成有机链接；以信息为基础，逐步实现指挥信息的高度共享。

二是指挥信息逐步实时化。在信息化时代，光通信技术、分组交换技术和卫星通信技术等广泛运用于军事通信领域，引发了军事通信手段的变革，实现了通信技术数字化、功能综合化、手段多维化、管理自动化，并逐步向智能化方向发展。工程特战指挥信息的传递容量、传递时效、传递空域、传递手段和传递方式远远超过了传统指挥手段的传递能力。例如，美军对其指挥控制网的建设目标要求是："10分钟内能建成可靠安全的作战网络，10秒到1分钟内能连通战术系统通道和网络，3分钟内可完成多域数据库的查询和检索；每小时通播多达2000个目标的变化信息，并能对500个目标自动进行武器调配和战术评估；1分钟内可发送重要态势和特定目标及威胁变化的信息，以及在10秒内为方圆300平方千米内用户提供部队配置的信息。"可以预见，依托先进的信息系统，工程特战指挥信息将实现实时化。

三是指挥决策更加科学化。未来信息化战场，战场态势瞬息万变，信息高度密集，迫切需要使用精确、快速的决策方法。而认知技术的发展为指挥决策更加科学创造了条件，以专家系统为核心的智能化决策系统，能迅速、高效地为指挥决策提供合理的可行方案，在几分钟甚至几秒内为指挥员判断情况、定下决心、制订作战计划、下达战斗命令等提供辅助决策的信息。未来，工程特战指挥信息系统，可使指挥决策由原来的人脑主观粗放型定性决策，转变为人机结合的客观精细型定量定性相结合决策，使指挥决策更加科学。未来信息化战争中的工程特战指挥，将越来越重视以计算机为核心的信息技术在指挥决策中的运用，使其更加科学高效。比如，未来工程兵在进行秘密渗透、工程破袭时，指挥信息系统将根据现场信息、敌情威胁、地形特点等，为指挥员提供渗透路线、渗透方式、破袭手段和兵力编组方式，为指挥员迅速定下科学合理的决心提供参考借鉴。

三、幕后指导

所谓"幕后指导"是指工程特战力量深入目标对象国或地区，组织、训练、指导当地武装力量或其他组织遂行工程特战任务。近期局部战争和非战争军事行动中，工程特战行动频繁实施，日益追求低消耗高效益，"幕后指导"越来越成为常用的重要手段。

一方面，"幕后指导"力量工程技术化特征越发明显。由于工程特战具有较强的工程技术特点，"幕后指导"力量除了需具备较强的特战能力之外，还需全面掌握各类工程技术，能够熟练操作和使用工程装备、器材，方能为"幕后指导"提供技术基础。例如，英军特种部队在敌后遂行任务，趋向于采用4人编组模式（"斯特林模式"），其中至少包括1名工程技术专家。未来，可将特种兵、工程兵、防化兵等进行融合编组，深入敌后，以工程兵为主对当地武装力量或其他组织进行工程技术辅导，使其掌握简易爆炸装置、工程潜望镜、工程侦察车、探雷器等装备和器材的操作与使用，为其实施工程特战行动提供技术支撑。

另一方面，"幕后指导"手段向多样化发展。工程特战部队在敌后通过"幕后指导"达成战略目的，必然通过综合运用多种行动和手段。一是决策咨询。在"幕后指导"等非正规作战行动中，工程特战力量通过自身侦察力量和多源情报支援，实时掌握关心地域内友方和敌方的工程情报信息，影响支持对象的决策和行动。二是作战指导。为了加快行动进程，实施"幕后指导"的工程特战力量可充当作战指导的角色。比如，在反政府武装遂行工程特战的全程，为其提供技术咨询、组织筹划、现场指挥、人员行动等方面的指导。三是手段援助。实施"幕后指导"，最直接、最能起作用的手段是提供装备、器材援助。如为当地反政府武装提供装备、器材的配备指导，使其自行购买工程侦察器材、探扫雷装备、爆破器材。

四、远程智能

所谓"远程智能"是指为满足工程特战需求，工程特战手段远程化、智能化和无人化日益明显。

一是工程特战手段远程化。为最大限度地降低行动风险，提高工程特战效率，其作战手段必将呈现远程化趋势。例如，在对敌岸水雷实施特种工程侦察时，随着远距离侦察装备的快速发展，可能不再需要采取秘密渗透、抵近侦察等方式，使用照相机、工程潜望镜等传统手段，取而代之的是操作机器人、无人机等远程侦察装备。例如，我军最新研制的无人无缆遥控潜水器，航程远、机动性好。无人无缆潜水器还可由潜艇发射，这样比由水面舰艇发射更加隐蔽。无人无缆潜水器可在水面舰艇达到某一地区之前由潜艇发射，对该水域的水雷进行侦察，几小时后，它可在一个预定地点与母舰会合，由母舰回收。

二是工程特战手段智能化。随着人工智能、计算机仿真等技术的快速发展，工程特战手段也必将向智能化发展。比如，将通过发展新概念技术装备，增强特种工程侦察手段的智能性。可在望远镜、工程潜望镜等装备中增加智能雷场识别系统，使其在目视侦察的同时，能够自主定位雷场位置，识别地雷种类，智能测量雷场的正面、纵深等，并能自动记录相关数据，智能处理、上传、分发和共享。又如，在敌纵深秘密设置地雷场时，可通过智能布雷系统，主动搜索敌人，自主分析在什么时间、什么地点设置智能化、主动式的"寻的地雷"，对敌人实施主动攻击。

三是工程特战手段无人化。随着高新技术的发展，一些技术发达的国家相继研制了智能程度高、动作灵活、应用广泛的无人机、机器人、工程车等，这为工程特战手段无人化提供了有利借鉴。工程技术手段无人化，主要是指利用无人化的武器、装备，在恶劣的环境下完成工程特战任务。比如：操作无人机进行特种工程侦察，可以极大地克服地形障碍，提高侦察效率，减少人员伤亡；在进行秘密排雷时，可使用排雷机器人实施作业。无人化工程技术手段不仅可以加快扫雷破障的速度，而且大大降低了人员的伤亡率；在遂行特种工程破袭时，可利用自杀式机器人，在远处设置好药量、机动路线、起爆时间等，从远处操控或自主智能进行特种工程破袭；在遂行特种障碍物搜排时，可利用搜排爆机器人，进入各种复杂地形和隐蔽空间，快速安全地进行搜索和排除。

参 考 文 献

[1] 全军军事术语管理委员会，军事科学院．中国人民解放军军语［M］．北京：军事科学出版社，2011．

[2] 毛泽东．毛泽东选集（第2卷）［M］．北京：人民出版社，1991．

[3] 毛泽东．毛泽东选集（第1卷）［M］．北京：人民出版社，1991．

[4] 吴如嵩．孙子兵法新说［M］．北京：解放军出版社，2008．

[5] 姚超．作战指挥论［M］．北京：军事科学出版社，2014．

[6] 马平．联合作战研究［M］．北京：国防大学出版社，2013．

[7] 樊灵贤，房永智．工程兵作战行动论［M］．北京：国防工业出版社，2016．

[8] 刘伟．战区联合作战指挥［M］．北京：国防大学出版社，2016．

[9] 中国人民解放军总参谋部，军事科学院作战理论和条令研究部．作战数据学［M］．北京：解放军出版

社，2015.

［10］包磊．作战数据管理［M］．北京：国防工业出版社，2015.

［11］军事科学院战役战术研究部．我军若干著名战役指挥实践与经验［M］．北京：军事科学出版社，1993.

［12］战玉．信息化条件下陆军转型研究［M］．北京：军事科学出版社，2013.

［13］张利华．新形势下新型陆军战役理论比较研究［M］．北京：国防大学出版社，2017.

［14］刘卫国．数据化作战指挥研究［M］．北京：解放军出版社，2012.

［15］马开城，刘非平．数据化作战指挥活动研究［M］．北京：解放军出版社，2013.

［16］汪洪友．精确控制战［M］．北京：国防大学出版社，2018.

［17］王吉山，汤立泉．基于信息系统指挥所演习组织与实施［M］．北京：军事科学出版社，2012.